BETTER THINKING FOR
BETTER RESULTS

深度思考

让所有事情都能正确入手

［英］凯茜·拉舍（Cathy Lasher）／著

李逊楠／译

四川人民出版社

图书在版编目（CIP）数据

深度思考：让所有事情都能正确入手 /（英）凯茜·拉舍著；李逊楠译. -- 成都：四川人民出版社，2018.11
ISBN 978-7-220-11094-8

Ⅰ.①深… Ⅱ.①凯… ②李… Ⅲ.①思维方法-通俗读物 Ⅳ.① B804-49

中国版本图书馆 CIP 数据核字 (2018) 第 258095 号

Original title: Better Thinking for Better Results
Copyright © 2015 Cathy Lasher
First published in 2015 by Panoma Press Ltd
All rights reserved.

The simplified Chinese translation rights arranged through Rightol Media
（本书中文简体版权经由锐拓传媒取得Email:copyright@rightol.com）

四川省版权局著作权合同登记号：图［进］21-2018-442

SHENDU SIKAO：RANG SUOYOU SHIQING DOUNENG ZHENGQUE RUSHOU

深度思考：让所有事情都能正确入手

著　　者	凯茜·拉舍
译　　者	李逊楠
出版策划	王　猛
出版统筹	石生琼　禹成豪
责任编辑	李真真　杨立
装帧制造	尚世视觉

出版发行	四川人民出版社（成都槐树街2号）
网　　址	http://www.scpph.com
E – mail	scrmcbs@sina.com
印　　刷	三河市春园印刷有限公司
成品尺寸	146mm×210mm
印　　张	7.5
字　　数	135千字
版　　次	2018年11月第1版
印　　次	2018年11月第1次
书　　号	978-7-220-11094-8
定　　价	45.00元

精彩书评

作为一名生产效率专家,凯茜·拉舍致力于研究杠杆效应。我很高兴看到深度思考这一概念能被推向主流,她不仅通过商业及个人案例,为深度思考的功效提供了强有力的证明,还通过实用的工具让深度思考模式变得即时可用。在21世纪纷繁复杂的工作环境中,对时常处于忙碌状态的人来说,这是一部优秀的必读之作,因为它能让你获得更好的结果。

——曼彻斯特机场集团领导力开发主任　卡罗尔·麦克拉克伦

在为客户提供多年的成功指导之后,我看到了那些善于思考的人如何在实现目标的过程中开发出自身的关键优势。幸运的是,凯茜·拉舍的书通过清晰的表述和实用的思维工具,为你提供了深度思考的方法。

——《商业健身:用你自己的能力获得成功》作者　达恩·列侬

持续学习对任何管理者的发展都至关重要。凯茜提供的指导方法有助于你打破商业功能的失调状态,巩固高效的思维模式。总体来说,这是一部可读性强、实用性强的自我发展指南。

——欧洲航空集团总经理

人们越来越认识到，深度思考是一种必不可少的领导技能。当今时代，一个优秀的领导者需要抽出一定的时间用来思考、与他人协商、计划和学习。事实上，凯茜在她的书中进一步佐证了哈佛大学的一项研究，即"哪怕只进行十分钟的深度思考，也能显著提高学习和做事的效率"。然而，很多人一生中只是被告知该思考什么，而从未被告知该如何思考。凯茜借助EDGE-it思考模式，带领读者经历了一段发展之旅。她将大量研究材料转化为书中的深度思考练习，为忙碌的人开发了一套易于学习的思考模式。这本书包含了大量的练习和丰富的案例，这些都是凯茜多年来作为商业顾问、企业培训师和心理治疗师积累的经验。很高兴能读到这本书，它在提升领导技能方面极具价值。

——英国阿什里奇商学院和梅塔诺亚学院教授　夏洛特·希尔斯

作为一名忙碌的管理者，我很想知道成功人士都在做些什么以及如何去做。这本书包含了大量真实可信的案例和易于操作、具有积极影响的练习。你可以把这本书当作每日自我训练指南，随着时间的推移，定期回顾学过的内容，你会发现EDGE—it思考模式真的能让你取得进步。

——某企业高级商务主管

序 言

仅仅有好头脑还不够,重要的是要善于使用它。

——勒内·笛卡尔

通过深度思考获得更好的结果

每个人的时间都是有限的,但对生活的需求往往是无限的。在这个充满未知的世界里,即便你有过人之处,也可能对自己的所作所为产生质疑:"这是我想要的结果吗?"

很多时候,你觉得自己可以把事情做得更好,只是不知道该如何去做。

做事之前,考虑周全。你一定明白这个道理,也明白深度思考的重要性,遗憾的是,你恰恰缺乏这种能力。

在此,我向你诚挚推荐这本书,它介绍了很多非常实用的思考工具,能够帮助你培养出深度思考的能力,从而以更少的投入获得更多的回报。

作为一名领导力培训师,我指导过的很多高管客户都说,即使他们能从忙碌的工作中抽出一些时间来思考和反思，也根本不知道如何有效利用这些来之不易的时间。正如一位高管所说："我知道自己应该花些时间进行反思，可当我做这件事的时候，就如同开着车兜圈子，其实是在浪费时间。"

其他客户也有类似的说法，他们觉得自己确实应该做点有价值的事，但又不知道从何入手。如果非要催促他们做点什么，他们会一致表示："也许我们需要一些既有针对性又非技术性的专业指导，以便能更轻松、更全面、更高效地做事。"

你是不是也遇到了这种状况呢？别担心，这本书能解决你的忧虑。

实践指南

你可能认为这是一本关于自我训练的工具书。我的很多高管客户说，接受培训后最具价值的事情之一就是，终于有时间思考自身的问题了，而且成功构建了思维体系。

这正是我写这本书的初衷，我开发了一个简单易学、实用性强的EDGE-it思考模式，以此来帮助你构建深度思考体系。

除了基本的EDGE-it思考模式外，本书还介绍很多典型的实践工具，比如案例研究、经验总结、问卷测试、创意开发等，让你在阅读和练习的过程中，既能理清现有的想法，又能激发更多的思考。

三段式"时间分区"

你可以将EDGE-it思考模式应用于三个不同的时间分区内。

首先,应用于过去的时区,回顾已经发生的事情。你要从以往的经历中总结经验和教训,确保下次遇到类似情况时能做得更好。这很重要,我想帮助你提高这方面的技能。

其次,应用于现在的时区,处理正在发生的事情。你要立足当下,专注于加强思维能力,从而提高自身的表现,获得更好的结果。

最后,应用于未来的时区,筹谋即将发生的事情。你要扩展自身的思维体系,预测不确定因素,设定切实可行的目标。

写作目的

针对不同企业、不同级别、不同水平的客户,我至今已有数千小时的培训经验,我清楚地认识到,深度思考模式并没有被人们广泛应用于各个领域。

在领导力培训师之外,我还有另一个身份,即心理治疗师,因而深度思考的概念对我来说再熟悉不过了。过去的几年里,我一直在讲授有关深度思考的实践课,这对学生的专业和个人发展产生了巨大的积极影响。

然而,当我为客户寻找培训资料时才发现,既要满足客户对领导力的需求,又要帮助客户应对艰巨的挑战,还要让客户提升个人发展能力，这样的资料实在是少之又少。

因此，我撰写这本书正是为了填补这一空缺：让你和其他读者都能像我这样的心理治疗师一样，掌握高质量的思维模式。

全书概貌

本书共分为四个部分：

第一部分展示深度思考案例：帮助读者分析自身对于深度思考的态度，并评估现阶段相应的能力，以便制订后续学习计划。

第二部分讲解实用模式：向读者介绍一个多元化的EDGE-it思考模式。

第三部分提供应用指南：将思考工具和技能训练结合在一起，针对已经发生的事情，或当下的情况，或未来想要实现的目标，为你创造深思练习的机会。

最后一部分总结全书：确立深度思考在领导力核心技能中的重要地位，促使你进一步掌握这项技能，从而获得更好的结果。

使用指南

本书的阅读方式灵活多样，你可以根据个人情况自主选择。

我在书中设置了大量实践练习，主要包括个人心得、经历回顾、问卷测试、能力评估等，鉴于此，我给出三个阅读建议：

一是认真精读，努力完成书中的实践练习，遇到不易掌握的内容，则更要反复练习，直到融会贯通，娴熟运用。

二是快速通读，对全书内容有一个整体的印象，然后回过头来重点练习你觉得最重要的部分。

三是跳跃式阅读，根据你的时间安排，随机选择某一章节，最后把各个章节连贯起来，整理成适合自己的新内容。

无论你选择哪种阅读方式，我都希望你能做一做书中的问答题目，开展实践练习，学会使用我提供的思考工具。只要你阅读了这本书，并完成相关练习，必会有所收获。

寄语

我坚信深度思考能够给我们带来巨大的价值，这缘于我亲眼见证了很多学习过深度思考的人，他们确实提升了自身的生活水平和工作质量。在这本书中，我将与你分享如何在三个不同的时区内应用EDGE-it思考模式，并给你介绍很多实用的工具和技能，最终帮助你在日常生活中学会深度思考，获得更好的结果。

如果你已经准备好了，那么现在就和我一起学习书中内容吧。

凯茜·拉舍

目 录

卷一　深度思考案例分析
　　第一章　深度思考有哪些积极作用 / 002
　　第二章　少投入，高回报 / 029
　　第三章　没错，但是 / 055

卷二　深度思考实践指南
　　第四章　开发在实际情况下能够应用的观察和思考模式 / 072

卷三　EDGE-it 思考模式在三个时区的应用
　　第五章　EDGE-it 思考模式在过去时区的应用 /090
　　　　　　事件发生后的 EDGE-it 思考模式使用手册 /123
　　第六章　EDGE-it 思考模式在当下时区的应用 /133
　　　　　　事件发生中的 EDGE-it 思考模式使用手册 /156
　　第七章　EDGE-it 思考模式在未来时区的应用 /159
　　　　　　事件发生前的 EDGE-it 思考模式使用手册 /172

卷四　向前一步
　　第八章　领导力核心技能 /176
　　第九章　在企业中建设深思文化 /197

结语 /205
属于你自己的后记 /209
附录1：深度思考实践与模式简史 /216
附录2：延伸阅读 /224
致谢 /226

卷一

深度思考案例分析

生而知之者,上也;学而知之者,次也;困而学之,又其次也。

——孔子

深度思考:让所有事情都能正确入手

第一章　深度思考有哪些积极作用

我们真的可以进行深度思考吗？

毫无疑问，是的！

你可能早就在某种情境下了解过深度思考的概念，也明白做事之前先深思熟虑的道理。

从小时候开始，父母和老师就鼓励你，参加考试或开展一个项目时要好好思考。体育活动结束后，你通过观看比赛录像，分析自己在赛场上的表现，这也算是深度思考的过程。

然而，深度思考到底是怎样一种思考模式呢？这才是问题的关键所在。有一天，有人问我："以实用价值的角度来看，我为什么要进行深度思考呢？"

也许你也有同样的疑惑。以下就是我的回答：

"这说明你已经认识到深度思考的必要性。无论是在工作中，还是在生活中，花时间思考那些重要的事，都是很有意义的。但有个问题——迄今为止从没有人教过你怎样进行深度思考。"

本书的目的正在于此——教你学会深度思考。

什么是深度思考？

关于深度思考的定义有很多，大多数观点认为，它是一种具有特定目的的经验学习过程。这一术语的提出者是美国知名学者唐纳德·A.舍恩（1930-1997），他早年学习哲学，后来因致力于研究认知系统和反思性实践而享有盛名。

1983年，舍恩在他出版的《自我反思的实践者》一书中首次提出了"深度思考"的概念。从这以后，各方学者对于"深度思考"的解读层出不穷。在该著作出版之后的三十年里，不断有学者为这一领域添加新的知识。

现今，"深度思考"这一术语早已普遍应用于教学、健康等领域，还为咨询、心理等领域提供理论支持。

我觉得，是时候帮大家将这个效用强大的概念应用于商业世界了，以便我们能从容地应对各种挑战。

最近发表在《研究与观点》杂志上的一篇研究成果[①]指出，仅仅10分钟的深度思考，就能极大地提升工作效率。此项研究得出结论：当无意识地、自主地"边实践边学习"与有意识地、受管控地"边思考边学习"相结合时，可以大幅度提升学习效率，改善工作表现。

也许，以前你做事时从未尝试过这种方法。那么，等你学会这种方法后，结果会有什么不同呢？

使用一成不变的方法做事，却想得到不同的结果，显然是异想天

[①] 该研究为一篇论文《工作中的深度思考对于改善业绩的作用》，作者：贾达·D.斯蒂芬诺等。

开。尽管你为了提升做事效率已经倾尽全力，但是在某些方面，你依然有很大的进步空间。如果你继续以同样的方法做事，又怎么可能提高自己的能力呢？

使用书中方法进行练习

我清楚地知道，这本书里的一些案例练习，对部分读者来说比较浅显。作为读者，你可能想知道为什么我会在书中安排这些特别基础的练习：让你写下自己的想法。

在此声明，这绝对不是一本为学校编写的课后练习册。相反，我们将心中所想组织成语句的过程，以及实际写作的过程，恰恰能让自己更大程度地进入思考和深思的状态。换句话说，思维越是活跃、越是周密，思考的结果就越是有用。

在本章下半节，我将带你一起探索深度思考练习的益处。与此同时，我也想请你仔细完成书中的练习。

本书设计的练习方案有两个层面的考量：

第一，这些练习最直观的效用是，能够帮你开拓思维，明确自己正在做的事情，并意识到深度思考是日常生活中的必备能力。

第二，这些练习将引导你做一些有针对性的思考，进而提升自身多方面的能力，包括应变、认知、判断、视觉化等。

深度思考练习真的能对你有所助益吗？

如果你想培养出深度思考的能力，现在随着本书进行练习就是一个绝佳的机会。(先读完本书,再回头完成这些练习也并无不可。)

> 在此写下你希望通过阅读本书获得的收益。无论你的期望是否实际,只要你想,但写无妨:
>
> _____
>
> _____
>
> _____
>
> _____

也许你觉得自己实在太忙,或者生活压力太大,因而没有额外的时间和精力读完这本书。

但我希望你在此刻能认真想想,那些事情为什么让你疲于应对和倍感压力呢?

举例来说,某件事你真的有必要去做吗?某件事你能用正确的方式去做吗?某件事你是不是一直在重复做呢?某件事你做到最后能达到自己的预期吗?某件事你需要一力承担吗?如果你事先想清楚这类问题,肯定能避免过度消耗自己的时间和精力,不至于连一本书都读不完。这正是深度思考的意义所在。

其实,在做事之前或做事的过程中,停下来进行适当的思考是很有必要的,哪怕只是短暂的停顿,也必将有所收获。从社会心理学的角度来讲，如果你不愿意按下那个暂停键，那么谁也没办法让你做出改变。最基础的第一步都无法实施，后续的步骤更无从谈起了。

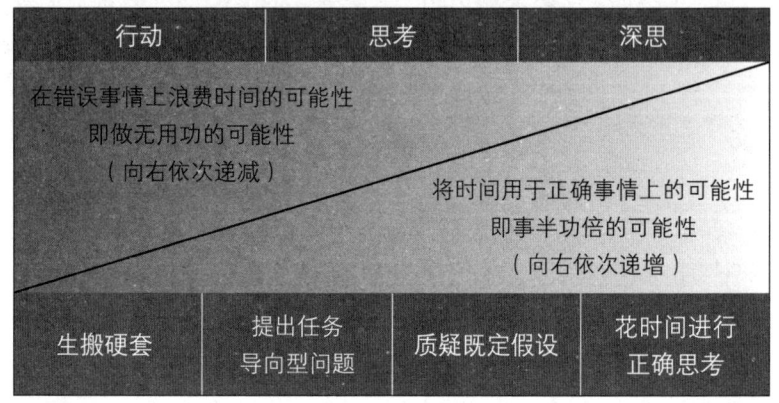

图1-1 深度思考图谱

设置图谱的目的是，希望你从处理到深思的过程中能够适时停顿，静心思考。根据上表中的数据显示，当我们从左侧开始，按照流程一一进行下去的时候，花在正确步骤上的时间会随之增加，相应承担的压力则逐渐减少。

接下来，我将为你展示这张图谱的使用方法，告诉你如何从简单的操作开始，找到与任务相关的具体问题，进而对之前做出的假设提出质疑，最后把时间有效地投入到深度思考的练习中来。

案例分析

我曾有一位客户，名叫约翰。他是一家大型商业银行的经理，管理着一个团队，主要负责编写公司的每日报表。但这项工作总是引起团队成员的不满,甚至互相推诿,这让约翰大为头痛。

由于技术落后,每日报表的数据无法从计算机中自动生成,但仅凭人工采集的话,又很难齐全,而且差错率极高。

有时候,只采集一项数据就要耗费好几个小时。无奈之下,约翰只好经常去请网络技术部的同事过来帮忙。

终于有一天,约翰的愤怒值达到了"至高点",已经完全超出他所能忍受的范围。于是他停下手头的所有工作,开始思考如何重新规划整个工作流程,从数据采集到生成,再到合成报表,以及如何维持数据处理人员和自己团队间的关系。

他从工作任务本身着手,对其方方面面展开深入分析,提出与工作任务相关的各类问题,例如:

- 负责数据生成工作的是谁?
- 整体把握数据工作的又是谁?
- 在数据采集与数据分析方面我需要知道些什么?
- 整体流程中最困难的环节是什么?
- 谁才是这些信息的受益者?
- 这些受益者什么时候需要这些信息呢?

接着,约翰对下列假设提出了质疑:

- 报告接收者是否采用了报告中的全部信息?
- 报告接收者还能从哪些地方获取信息?
- 除了我的团队之外,编辑信息报告的部门还有哪些?
- 我们是不是编辑报告的最佳人选?

○ 报告属于传递信息的最佳形式吗？

○ 每日呈递报告的频度是否合理？

最后，约翰对目前身处的情境展开深度思考，他问自己：

以最宽泛的角度来看，在这样的情境下，向前发展的最佳方式是什么？

把方方面面都考虑在内的话，我能想到的所有创意中，有哪些是团队应当予以考虑的？

经过缜密的深度思考，约翰最终得出结论：围绕报告的工作应当全部重新规划，以便让终端客户能够实时获取相关的信息数据，其余的信息数据则由团队成员继续分析处理，按周派发。

与此同时，他还发现，IT团队的技术人员对庞大的信息数据并不是十分了解，因此他们在处理数据时可能会耽误工作。针对这一问题，约翰特意为IT团队开办了一次内部培训。

时间上的投入，就算是微小的投入也会为你处理事情的方式带来积极的改变，进而带来更大的收益。既然你已将读到了这里，就证明你愿意迈进深度思考实践练习的大门。

毫无疑问，你想在工作中脱颖而出

个体究竟该如何在群体中脱颖而出呢？视具体情况而定，每个公司都有关于优秀员工的评估标准。

这类评估标准大都以成文或不成文的框架为表象，继而具体化为个人年度目标或个人发展计划中的特征。

你所在的公司是如何评价你的:

_____

_____

_____

仔细回顾一下你在上表列出的衡量标准中,还有哪些方面需要再度提高。这样的思考既能让你了解自身亟待调整的地方,又能让你明确公司衡量优秀员工的标准是什么,从而知道自己应该做出什么样的努力。如果你能够释放出自己所拥有全部技能,又怎么会改善不了现状呢?

抽出一些时间,好好想想公司评估你工作表现的具体标准。对于这些标准,还有哪些是你目前并不了解,但又十分重要的?现在你要怎么做才能完全了解并符合这些标准呢?

_____

_____

_____

_____

_____

接下来说一说竞争力,它通常是指领导者在企业运营过程中既能推动机会平等,又能保持企业多元性的综合素养,而且是评测领导者人事管理能力的标准之一。

在你任职的企业中很可能也有这个标准吧?

但即便如此,竞争力对你又有什么意义呢?

我曾看到过一套企业竞争力框架,应该能引导你进行一些思考。

○ 分享和推广优秀的工作经验。

○ 在企业内部进行讨论并确立企业人员的行为准则。

○ 在苛责和歧视行为出现时提出反对意见。

○ 推广多元性的价值观。

此后我再问:"即便如此,竞争力对你又有什么意义呢?"

你是否知道在你任职的企业中,有哪些规章制度能够促进企业多元性,并能够在企业内部推动机会平等?或者说,你在其他地方是否见过这样的书面规定?又或者说,你恰巧就负责制定这类规章制度。

在工作中,你是如何为这些规章制度赋予意义,并将其转化为具体行动的呢?你认为评测这类行动的最佳方式是什么?

通过上述介绍，不难想象，如果弄不清企业测评绩效的方法，就很容易做无用功。如果你想在工作中脱颖而出，那么从一开始，就必须弄清楚公司是如何测评你的绩效的。而在你了解这些问题的同时，也就意味着你已经走上了通往成功的道路。

在接下来的道路上，你很可能会遇到一些不容忽视的困扰

"边缘意识"是心理治疗领域中的一个常见术语，它是指处于你意识后期的事物和想法，是一种在一切事情结束之后，你才想到并且说得明白的后发思维机制。尽管大家对这些已经发生的事情莫衷一是，但为时已晚，不过是马后炮罢了。

通常来说，这些小困扰大致相同。此前那些不尽如人意的地方往往会被忽略——大多关乎你的健康状况、人际关系或是工作能力。

一开始，我们很容易忽视这些微小的困扰。但是这些小困扰会在被忽视的过程中，变得越来越棘手，最终蔓延成难以清除的顽疾。如果我们能尽早发现，尽早处理，对自身的成长会很有益处。不过，要是能提前发现这些困扰，也就不会有后来"我当时就想到了，我就知道会这样的"的感叹了。

为客户提供咨询服务的时候，我经常听到他们说起这类情况。

客户来到我面前，不无遗憾地对我说："我觉得自己有些不对劲，要是我能早点发现问题就好了！"然而，当我同他一起追溯某个问题的根源时，却发现这个问题早就向他发出过警示信号。

我们要做的就是，提早注意到那些警示信号。

下面我来给你讲一个例子。

西尔维娅是一家大型金融服务公司的人力资源总监。有一次，我受邀为这家公司开设咨询课。她私下对我说，董事会决定撤销由她主持的未来领导人才培养项目。为此，她感到非常沮丧，也十分失望，她觉得这是董事会做出的错误决策。

她也坦承，对于董事会的决定，如今已经无法改变。现在，她只能带着有限的预算投入到一个全新的项目中去。

通过对整件事进行深度思考，西尔维娅认识到：在项目进行的最后一个月里，由于操作难度带来的巨大压力，自己没能维护好与几个重要股东之间的关系。总体上看，是因为她忽视了人际关系的维护；而具体来看，其实是她把整体计划的沟通链给忽略掉了。

在此前一个月里，董事会个别成员从商业案例分析的角度对她的评估产生了质疑。西尔维娅当时觉得自己已经把所有问题都处理好了，但是反思之后，她发现，如果当时能够把评估做得更严谨一些，也许就能意识到个别董事会成员对她有哪些不满。

定期抽出时间，从更广的角度来考察自己手头上的事情——尽管工作节奏要求紧凑，截止日期紧追不舍，但是在事物固有的焦点之外仍然存在着大量的留白——能够帮助你定位问题的产生地。

同时，及时找到这些困扰产生的时间，就能避免出现类似西尔维娅身上的问题。

不要把麻烦和困扰累积到爆发的边缘。及时发现危险信号，并采取恰当的措施，这是一个能够帮助你把时间花在正确事情上的机会。

你感到自己没有做到最好，却发现不了问题所在

在这样的情况下，其实你可以尝试用个人资源审计的方法更清晰地了解事物。如此一来，你就能准确地了解到自己的可用资源储备。此外，当你准备做决策时，这一方法也能帮你深入分析与精准衡量当前的选择。

当然，如果你在做审计的过程中，发现了某种资源出现赤字，那么请立刻补足，避免后续问题的产生。

这里有四种类型的资源可供你使用：

表 1-1　四种类型的资源

类型	内容	最大储备表现
生理资源	• 体能 • 协调能力 • 营养 • 健康 • 身体外形 • 力量 • 生理环境	营养充足、身材健美、有足够的力气能够去适应周围的环境，完成自己的任务。
情绪资源	• 自我认知 • 坚韧 • 自我推动 • 人际关系敏感度 • 个人影响 • 天赋 • 自我意识	能够在特定的环境下维持与他人或自身的一致性，具有自我推动力，性格坚韧不拔。

续表

精神资源	• 灵活性 • 中心性 • 完整性 • 趋利性 • 自身责任感 • 反映性 • 好奇心理 • 眼界广度 • 人际交往	具有目的意识，充分了解生活的意义。
智性资源	• 文学素养 • 数字能力 • 理解能力 • 追问能力 • 决策能力 • 抽象思考 • 分析能力 • 问题处置能力	具有快速理解事物的能力，对事物产生的原因能够追寻求索，能够分析出世界的内在联系。

根据上述四种类型，为自己的资源储备量进行评级，0-10分别代表不同的等级，0代表资源储备量枯竭，10代表资源储备量充足，评级结束之后，请思考下列问题。

你在哪方面做得最好？（资源最充足，储备量最高的方面）

_____

_____

> 你在哪方面做得最好？（资源最贫乏，储备量最低的方面）

通常来说，某一大类下的某一方面上的资源，如果只是出现微匮乏，是可以由同一大类下的另一方面的多余资源补足的。

当然，某一大类的整体资源匮乏，至少在短期内，也能够由另一大类资源来补足。

举个例子，当你身体疲惫不堪（生理资源匮乏）时，那么保证充足的营养完全可以弥补这一缺失，若是处于具有支持性的外围生理环境下，则也能补足匮乏（同样也是生理资源大类下的一个方面）。再例如，为了处理重要的人际关系，你感到巨大的压力（情绪资源匮乏），那么你完全可以依靠自己的目的性（精神资源）来获得帮助。

在完成了上面的这些个人资源审计后，你觉得自己遇到的困扰最有可能会出现在以上哪些方面？

```
┌─────────────────────────────────────────────┐
│           目前遇到的困扰有：                │
│                                             │
│      困扰            │      类型            │
│  _____         │  _____         │
│                                             │
│  _____         │  _____         │
│                                             │
└─────────────────────────────────────────────┘

## 尽己所能，把工作成果最大化

最近，有调查显示，要想在职场中表现得更好，你必须在工作中付出更多的努力，减少资源的使用，降低时间成本，同时还要追求更高的标准。

因此，能否充分利用自己所拥有的资源就成了关乎成败的关键问题。这一问题同时也包括你对于自己的了解和对于个人时间的把控。

总之，你需要学会一切能帮助你成功的商业技能，例如：提高销售额、商品差价和利润，留住企业人才，维系复杂的供应商关系，还要学会与需求更高、教育程度更好的顾客打交道等。

┌─────────────────────────────────────────────┐
│           正在努力优化的成果有：            │
│                                             │
│  _____  │
│                                             │
│  _____  │
│                                             │
│  _____  │
│                                             │
└─────────────────────────────────────────────┘
```

当然，你目前所设定的这些目标可能有点偏高，因此你需要加深自己的思考。即便是在做事之前多思考几分钟，对你达成目标来说也能产生莫大的助益。

挑战一下自己的思维，在你想要实现的每个目标下写出几个新的想法。你可以使用下面给出的几条推进性问题来帮助自己：

○ 哪个方面的努力会让你快速走向成功？

○ 完成这一方面之后，下一步要如何努力呢？

○ 进行下一步努力时，你会有什么特殊的感受呢？

如果你通过回答这三个问题而受到启发，获得了更多的想法和观点，而且这些想法确实对你有所助益，那么，请把这些想法记在下面的空白表上。

_____

_____

_____

_____

空出一点时间回过头来仔细揣摩一下这些观点，或者当下你就可以花点时间研究一下。

也许你希望通过事业上的努力来平衡自己的生活

有时候你可能会觉得自己的生活混乱不堪。在生活的某些方面上耗费了太多心力,必然会造成另外一些方面上的失衡。每当这样的情况发生时,你就十分渴望过上一种更加平衡的生活。因此,你觉得自己应该再多花些时间在家人和朋友身上,平时也应该再多参加一些创意性的活动。要想实现这个目标,你就得不断努力、更加用功,好让自己越来越干练、精明。

而深度思考的练习恰好能够帮助你分清主次,确定当前的首要任务,分析在生活中的各个方面应该分配出多少时间和精力。

实现这一分析过程,可以使用下面这个工具:

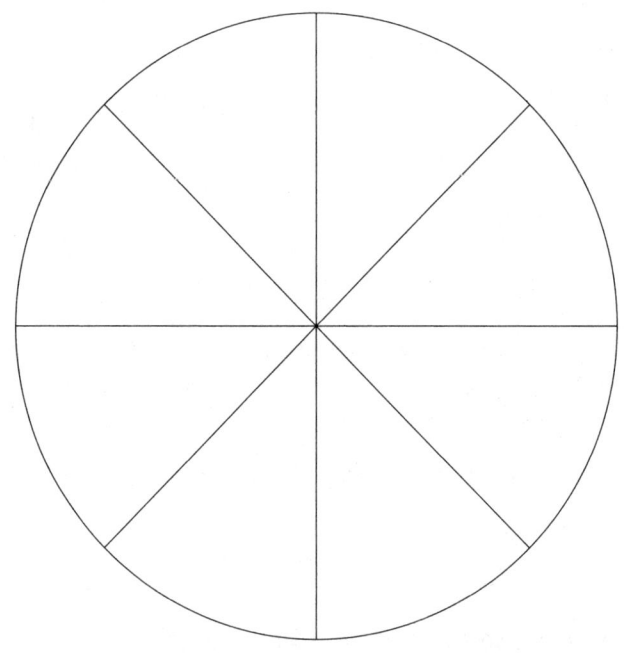

图1-2 分析工具:饼状分割图

饼状分割图可以用来分析各类情况。首先，你要有一个总的思考类别，将其构成一个圆形的饼状图。其次，你要决定将这个饼状图分成几个部分。

一般情况下，我建议分成八个部分。每个部分对应一个小方面。全部分好之后，再从自身情况出发对每个小方面进行相对应的评估。

下面我们通过一个例子，具体了解一下饼状分割图的使用方法。

罗杰在一家国际型商业资讯公司担任某区域负责人。他与再婚妻子和两个处在青春期的继子女生活在一起。

最近，罗杰一直倍感压力，他甚至打算放弃自己曾经深爱的工作，找一份没有那么多限制的新工作。

经过深度思考后，他画出了一个饼状分割图，每一部分都代表着他生活中的一个重要方面。整体饼状图则代表他目前的生活质量。

他把自己的生活分成八个方面，用以深入发掘自己目前的生活状况，其中包括：

当前的工作情况，今后的个人职业发展，新组建的婚姻家庭，过去的婚姻往来，与继子女的关系，与朋友间的交往，目前的财务状况，以及自身的身体健康。

完成了详细的自我分析之后，罗杰首先评价自己对以上各个方面的满意度，然后以饼状图的圆心为0满意度，以辐射方式向外递进画圆，每多向外画一环，则满意度增加一级，直至满意度为10的最外环。最终，罗杰得出如下饼状图（见下一页）：

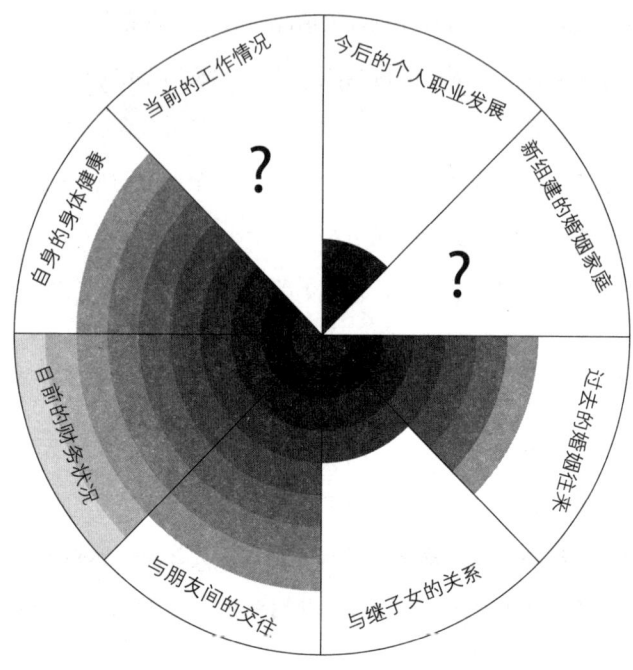

图 1-3 罗杰画的饼状分割图 1

在完成了上述所有步骤后,罗杰通过仔细思考意识到,在工作和婚姻两个方面,他完全评估不出自己的满意程度。

与此同时,罗杰意识到,尽管自己表面上对生活状况都颇为满意,但实际上存在着一个危机区域,它是由工作上的压力和新的婚姻家庭以及与继子女交往时产生的压力彼此叠加产生的。

因此,罗杰又画出了另外一张饼状分割图,用以分析、评估自己所面临的源于工作和家庭两方面的压力。

第二张饼状分割图将工作与家庭这两个方面单独拿出来,并进一步列出八个相关的更小方面,对新的婚姻家庭和目前的工作状况做出了更加细致的分析。

第二张饼状图包括的方面有:和新家庭待在一起的固定时间,目前工作的出差要求,工作时长,薪资水平,晋升机会,与重要股东间的人际关系,与新任妻子间的关系,以及自身的职业前景。

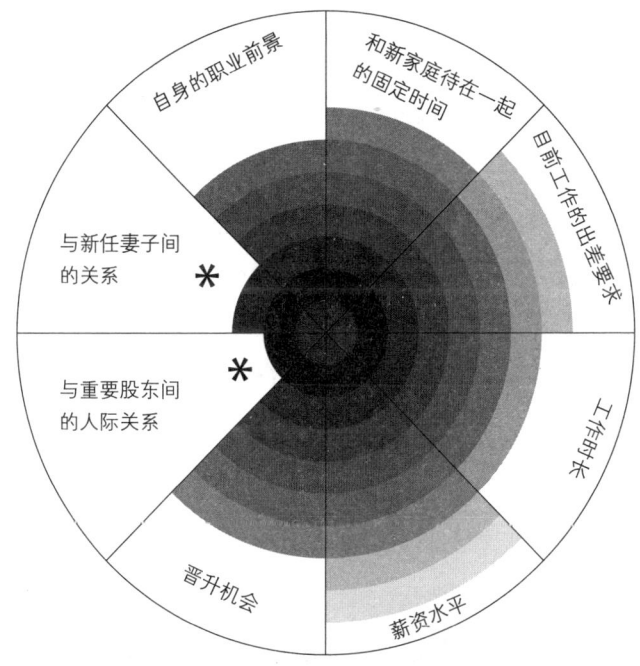

图 1-4　罗杰画的饼状分割图 2

通过分析第二张图,罗杰发现,对自己来说,最具决定性价值的两个方面是,自己与重要股东间的人际关系以及与新任妻子间的关系。

对这两方面进行深度思考后，罗杰发现自己以往太执着于单边决策模式，正因如此，才给他造成了如此大的压力。当他意识到这一点之后，便采取了更有效的沟通方法，来处理自己和新任妻子以及公司重要股东之间的关系。

了解了罗杰的案例之后，现在请你动手画一幅适用于自己的饼状分割图，然后填入对于你来说最有意义的八个词语，分别代表你觉得生活中重要的八个方面。通常，这些方面可以是事业、金钱、健康、朋友、家庭、其他重要人物或感情、个人发展、娱乐消遣以及相关的生理环境等。

你可以按照上面给出的例子来分割饼状图，也可以借鉴其中的几个方面或者采用其他对你来说更有价值的方面。对于饼状图的分割数量，不一定非要局限于八个，你也可以根据自身情况随机增减。

完成分割之后，以饼状图的圆心为0级满意度，通过辐射的方式向外递进画圆，根据目前在相应方面的生活状态，每多向外画一环，则满意度增加一级，直至满意度为10级的最外环。

完成所有分析之后，再重新审视你画出的饼状图，图中的所有参数就代表了你的"生活圈"，或者说代表了你目前认知自己的方式。

这张图给了你什么样的感受？通过这张图，你觉得自己需要做哪些方面的努力才能让生活更加平衡？

其实，在你的生命中，还有很多对你很重要但目前还没有空出时间去做的事情，比如健身、陪伴孩子或者为父母尽心。这些事情往往被你搁置到了工作之后，从来都没有把它们安排到你的日程中。

可能你身边会有人苦口婆心地劝你说:"只要你有心,时间(办法)总是有的。"可是,有些事情现在不做,以后做起来就愈加困难,甚至留下不可弥补的遗憾。何不趁现在花上几分钟,好好想想你觉得有意义的事情,然后把它们写在下面的空白表里。

_____
_____
_____
_____
_____
_____
_____

心理学研究中有一种名为"预期竞争"的动态模式,指的是在你做出某一个预期(例如:加强锻炼、陪伴孩子、参加活动等)时,另一个与这个预期冲突的隐性预期就会悄然发生。

隐性预期通常建立在一个可能实现的设想之上。对这一名词的解释请参见下一页的表[1]。

---

[1] 罗伯特·凯根,丽莎·拉斯考·拉海:《变革为何这样难》,中国人民大学出版社,2010。

表 1-2　隐性预期分析及示例表

显性积极目标	实际情况	在优化显性目标时产生的忧虑感	由忧虑感引发的隐性预期	由隐性预期引发的推理假设（重要环节）
我想做	然而实际情况却是	我很担心自己能否实现显性目标	这种担心意味着	我应该假设
我想为我的团队再多尽些力。	我依然坚持在团队中担负更多的任务，尤其是很有意义的任务。	如果我减少自己的任务量，就会把压力留给团队里的其他成员，那我就成了一个刻薄、苛刻的领导。	我也想成为一个善解人意的领导者。	如果把工作都留给团队其他成员，那他们一定会产生不满情绪从而懈怠工作。

凯根和拉海认为，如果分析到最后一个步骤时，你心中仍未建立一个可能实现的推理假设，那就说明你的分析过程一定存在问题。因为这一分析模式就好像你开车时，一只脚踩着刹车，一只脚踩着离合器一样，快不得也慢不下来。

完成自我分析之后，请着重分析一下最后一栏的假设。这些假设是否会成真？你对此有什么证据？或者你有没有什么反面例子？你打算如何进一步证明自己的假设呢？

如果你愿意养成一种新的行为习惯

上文已经提过,反复做同样的动作,却期待不同的结果,这是一种失智症状的典型表现。你对目前所遇到的问题已经竭尽所能去解决,但结果还是不尽如人意,还是无法让自己发挥得更好。那么,继续使用原来的方法,对改变结果又有什么用呢?

要想养成一个新的行为方式,就要集中精力,与生活协调一致。这个新的行为方式可以是一种好习惯——帮你获得成功。

花费一些时间去培养一种新习惯吧。比如,你可以换一种新的锻炼方式,可以换一部新手机,可以加入一个新团队。当然,你也可以同时培养几个新习惯,看看这些习惯之间是否有共通之处。

表1-3 习惯或行为分析记录表

习惯或行为	养成新习惯或新行为的困难程度	新习惯或新行为的益处	用了多久	有助于养成新习惯的主要因素

续表

有哪些好方法：

斯图尔特在完成上述自我分析之后，发现自己做事时总会在日记中写下计划培养新习惯的时间。

罗斯·玛丽在完成练习之后，发现自己一直羞于对别人讲述自己的新计划。

露西在完成练习之后，发现自己培养多个新习惯的共通之处是：在掌握新习惯的过程中全身心投入和对其益处的深入探索。

罗伊发现，就算自己无法立刻养成一个新的习惯，也不会轻易放弃，而是继续坚持下去。

如果你也打算培养一个新习惯，那么请先试着培养自己深度思考的习惯，它一定会对你有所助益。你只要有所尝试，时间不长，只需

30天,就能发现自己获得了进步。

我希望你在读完本章的内容之后,已经开始进行深度思考的练习。(思考前文设置的问题,就已经参与了深度思考的活动,无论你是否知道这些问题的答案,这样的思考本身就证明了你已经开始了深度思考)或许在你身上,深度思考的成果已经有所体现了。

○ 可能你对自己目前承受的压力认识得更加清晰。

○ 可能你更明确了公司对你的期望。

○ 可能你对自己面对的矛盾和掌握的资源了解得更加深入。

○ 可能你更加清楚自己该如何养成新的习惯。

在你身上已经展现出了什么样的成果呢?在下面的空白表上把你从第一章中获得的进步和提高都写下来吧。同时,你要将构思的过程以及想法都记录下来,这会大大提升深度思考的价值。

最后,如果你已经决定尝试深度思考的练习,那么请你翻开本书的第二章,我将告诉你如何投入少量的时间——有时只需几秒——就能够帮助你快速提升工作效率,节约时间成本。

本章要点

深度思考是一种帮助你集中思维的方式。

强迫自己把内心的想法清楚地表达出来,能够让你更清楚地认识和使用它们。

有一个明显的悖论是,多花些时间去思考能够避免浪费时间。因为经过思考,你能够把时间更高效地用在正确的事情上。

弄清楚工作表现的评估标准和方式,同时想出针对重要测评标准的解决方法,这将有助于改善你的工作表现。

忽视工作中的小困扰只会让它变得更加复杂,请正视困扰,努力去解决。"隐性竞争预期"能够摧毁你之前在工作上的所有努力。及早发现并解决,能够完全避免未来努力的浪费。

培养新的习惯,学习深度思考也是你的备选之一。

你的章后总结:

_____

_____

_____

_____

_____

第二章　少投入，高回报

解决问题的方式绝不可能与造成问题的方式一致。

——阿尔伯特·爱因斯坦

你天生就具备深度思考的能力吗？

人人生而不同，有些人天生就比别人更会思考。因此，在你开始培养自己深度思考的能力之前，请你先考虑一下自身的特质。不过，即便你不具备这种与生俱来的思考特质，也可以通过后天学习来培养它，并从中受益。

关于后天学习的理论，最早由大卫·库伯在他的著作《体验式学习：体验是后天学习和发展的源泉》中提出，此后，在20世纪70年代，由皮特·霍尼和阿兰·马福德针对克劳瑞德集团开展的研究项目中得以发展并传播。

霍尼和马福德提出了学习过程中的四种模式：激进者、反思者、理论者和应用者。尽管对学习方式的选择因人而异，但霍尼与马福德认为，只有将四种模式结合起来使用，才能产生更大的效果。

学习模式问卷测试

下面,是一张基于霍尼和马福德的学习理论设置的问卷测试。通过回答这张问卷的问题,你可以了解自己目前的学习模式以及偏好。

你目前的这些偏好源于多年来的发展和积累,问卷仅限于指示作用,其结果并没有对错之分,只是反映出个体间的一些差异。

为了保证问卷的权威性,请真实回答问卷中的问题,应以实际情况为准,请勿带入自我预期。

你不必紧张,本次测试无时间限制。

阅读下列陈述,若赞同倾向大于反对倾向,则勾选此陈述。

☐ 1)除非你满足于平庸,否则山外有山,追求永无止境。

☐ 2)关注当下永远比关注过去和着眼未来更有意义。

☐ 3)时常把实现目标当作生活的焦点。

☐ 4)对于工作的总结要比工作本身更加重要。

☐ 5)当你听不懂别人的意思时,向他提出问题是一个很好的方法。

☐ 6)除非遇到不喜欢的工作,担当一定的工作责任往往会更轻松地完成任务。

☐ 7)激烈的对话通常是解决反对意见的最好方案。

☐ 8)朋友,把焦点放在工作任务上吧!

☐ 9)我拥有自己喜欢的生活。

☐ 10)我总是想用最好的方式完成一件事。

☐ 11)如果工作有需要,即便要让我挽起袖子、弄脏双手,我也会甘之如饴。

☐ 12）别人的表扬会带给我莫大的鼓励。

☐ 13）我总是来不及规划自己的活动。

☐ 14）我做任何事都会依照数据和事实。

☐ 15）我脾气很好。

☐ 16）即便对于当下的用处不大,我也会耐心地去读书。

☐ 17）只要互相尊重,即便并不喜欢对方,我也能够与他共事。

☐ 18）我知道做事要有条不紊,也知道这样做的重要性。

☐ 19）就算我更偏向于慢工细活,但是如果有需要,我也可以提高工作效率。

☐ 20）我会尽己所能避免犯错。

☐ 21）我通常不太喜欢和别人一起谈论闲话。

☐ 22）为了工作任务的需要,我并不介意自己会给别人带来一些负面情绪。

☐ 23）我特别不喜欢独自工作。

☐ 24）开始接触一个新事物时,我会变得充满活力,心情激动。

☐ 25）我觉得模棱两可最让人烦心。

☐ 26）我觉得这样的调查问卷几乎是在浪费时间。

☐ 27）如果整个团队都开始偏离工作重心,我会变得不耐烦。

☐ 28）我遇到事情总是能一语道破。

☐ 29）我是个完美主义者。

☐ 30）我时常被人说成是暴脾气。

☐ 31）我喜欢有效的交流。

☐ 32）我喜欢从具体情况中总结出一般性规律。

☐ 33）我喜欢被人夸赞说话声音好听。

☐ 34）我喜欢在心里想好了之后再说出来。

☐ 35）我喜欢从读书中获得新的点子。

☐ 36）我一向乐意把自己的小目标说出来。

☐ 37）我总是通过改变结构模式为原有的意义增加新的信息。

☐ 38）我喜欢使用新奇的电子产品做些有用的事。

☐ 39）我喜欢同时承担多项工作任务。

☐ 40）我不喜欢工作的时候被人打扰，一旦被人打扰，我的工作效率就会降低。

☐ 41）我不能闲下来，一定要有点事做。

☐ 42）我总是担任小组领导的工作，一旦我不再担任领导，就会对工作感到厌倦。

☐ 43）我经常说："我们来换种方法吧！"

☐ 44）我总是想问："为什么要改变它呢？"

☐ 45）相比于随意的口头语言，我更喜欢正式的说话方式。

☐ 46）当我听了别人的观点之后，我也很想发表自己的意见。

☐ 47）我的工作产出量很大。

☐ 48）我的语速平和适中。

☐ 49）我说话语速非常快。

☐ 50）只有我真的被问题困住之后，我才会亲自向人寻求帮助。

☐ 51）在加入一个新的团队后，我不会急于融入群体。

☐ 52）别人的话语中若有不准确的地方，我即使听到也会觉得很困扰。

☐ 53）我凭感觉做的决定往往都不正确。

☐ 54）如果我的解决方案第一次没有奏效，我会再试一次。

☐ 55）当别人对我的付出表达感谢时，我会很高兴。

☐ 56）在做决定前了解假设和事实的区别是很重要的。

☐ 57）理性比感性更重要。

☐ 58）我的道德标尺会影响我的决定。

☐ 59）有些人觉得我办公室里的东西杂乱无章，但我自己知道每件物品放置的方位。

☐ 60）总是觉得别人比自己慢了一大步。

☐ 61）别人总觉得我很严肃。

☐ 62）理性而具有逻辑的思考是做出决策的最好方式。

☐ 63）花时间做事前准备是件十分无聊的事情。

☐ 64）绝对的客观才能够做出最好的决策。

☐ 65）我是个对错分明的人。

☐ 66）结果比过程更重要。

☐ 67）进入新环境时，我更喜欢先了解再行动。

☐ 68）当我生气的时候我会变得很激进导致无法控制自己。

测验评分

请在下表中圈出你勾选的问题序号。

然后，请在每列中把你圈出的问题个数统计出来。这样，你将得到四个统计数字，即每列中你画圈的个数。

表 2-1　学习模式问卷测试题归类表

激进者	反思者	理论者	应用者
3	6	1	2
13	7	5	4
17	8	16	10
21	9	18	11
23	14	25	12
24	15	29	22
26	19	32	27
39	20	35	28
41	33	37	30
42	34	53	31
43	40	56	36
47	45	57	38
49	46	58	44
54	48	62	50
59	51	64	55
63	52	65	60
68	61	67	66

结束评分后，你将得到四个大小在 0-17 之间的数字结果，分别对应上述激进者、反思者、理论者和应用者四个部分。

这些数字有什么意义呢？数字越大就意味着你对相应问题的学习和沟通模式越好。对这四种模式的简要分析如下：

激进者：如果你偏好于激进者的学习模式，那么你就是一个喜欢通过实践来学习的人。你喜欢接受新鲜事物，享受进入一个全新的环境，敢于迎接未知的挑战。对你来说，一个潜在的缺陷是——你总会着眼于当下的解决方案，而不会花时间去权衡其他的可能。你也很可能会在还没做足准备的情况下，就匆忙地进入新的环境中。

反思者：如果你偏好于反思者的学习模式，那么你就是一个喜欢通过思考来学习的人。你喜欢反复思考，擅于倾听和组织信息。对你来说，一个潜在的缺陷是，你很可能会畏首畏尾，因而错过参与到新环境中的机会。你也很可能会因为过度思考而拖慢自己的脚步。

理论者：如果你偏好于理论者的学习模式，那么你就是一个喜欢通过寻求理论支持来学习的人。你喜欢反复研究，并且重视逻辑和客观。你的潜在缺陷是，对于不确定性和模糊性事件的忍受度极低。这使得你需要一些创造性才能解决问题，但这对你来说极为困难。你的生活中也可能会因此而充满"应该做"和"必须做"的事情。

应用者：如果你偏好于应用者的学习模式，那么你就是一个关注于实际利益的人，你通常会在实践中验证事物。你喜欢让所有事物都保持在现实的状况下，但你很可能会拒绝一切即时应用的事物。你的潜在缺陷是，在处理问题时，很可能会优先采取权宜之计，而不会在思虑周全之后再去行动。

我将在第三章为你讲解更多关于四类学习模式的知识。如果通过测试,你发现自己有着强烈的反思者偏好,那么,我将在第三章中告诉你如何精化自己的反思活动,并从中获取更多益处;如果你对反思者的学习模式没有特别的偏好,而是倾向于另外三种学习模式,那么,第三章的内容将会帮你开发出属于自己的反思思维,使你同样能从思考与观察中获得益处。

以上,是我针对这一过程做的简要介绍。请根据下面的专注思考导引图,完成相关练习之后再看看你从中得到了哪些收获。

你最近是否参加过什么会议,或者有过什么相关经历值得现在拿来反思一下?如果你在上周刚刚有过类似的经历,那就再好不过了。

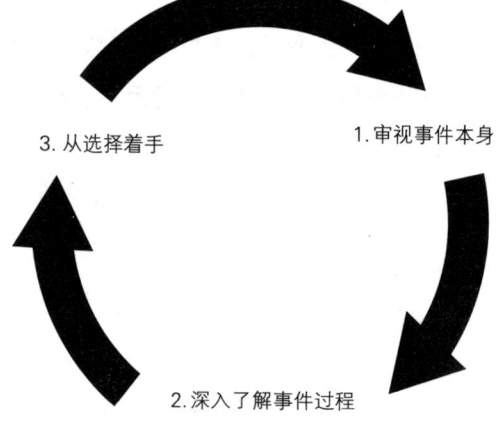

图 2-1 专注思考引导图——3 步简化模型

步骤1:

通过描述的方式,尽可能把你参加过的会议或相关经历记录下来,下面列出的几个问题将帮助你完成这一步骤。

- 有谁参加？
- 何时发生？
- 何地发生？
- 什么主题？
- 什么内容？
- 结果如何？
- 当时感觉如何？
- 如今感觉如何？

步骤2：

下面我们开始加深对于这次会议或者经历的深度思考，看看你从中获得了什么助益。完成步骤1后，下面列出的几个问题能够帮助你完成步骤2。

- 满意之处？
- 不称心意之处？
- 有什么需要改进之处？
- 感觉结果如何？
- 无论当时还是现在，有什么因素会影响你的感受？

步骤3：

最后，我们需要将分析得出的结果付诸行动：接下来该做什么？将你对这一问题的想法分成两类。

表 2-2　会议或相关经历对人的启发

某次会议或相关经历对你当下行动的启发	某次会议或相关经历对你未来行动的启发

这里有一个例子可以帮助你：

表 2-3　会议或相关经历对人的启发示例

某次会议或相关经历对你当下行动的启发	某个会议或相关经历对你未来行动的启发
我意识到此前从未与约翰（即代表你的某一位同事）区分过对方负责的任务。那么，当下我应当找约翰商讨这一问题。	我意识到在讨论中想清楚自己的预期，有助于避免产生负面情绪。因此，以后我和其他人商讨事情的时候，要提前想清楚自己期待什么样的结果。

完成上述步骤后，请你再认真想一想，根据这些步骤进行深度思考会带来哪些益处？你认为帮助你思考的引导性问题和相关描述对你有什么好处？请在下一页的空白表上写出你的答案。

切实可行的专注思考

接下来要讲解的是，进行深度思考时应重点注意的五个要素。

第一，深度思考的过程具有自主能动性。思考者进行深度思考时，是一种有意识地自我主导，而不是漫无目的地胡思乱想，并具有必须落实的具体步骤。后续我会进一步给你详细讲解如何落实这些具体步骤。

第二，深度思考要从简要出发，然后不断加深思考，细化分析。在上面介绍过的步骤中，我们了解到深度思考的第一步是简要描述一件你比较有经验的事，它既可以是已经发生的事，也可以是正在发生的事，甚至还可以是未来将要发生的事。尽管深度思考以描述作为第一步，但仅仅描述自身的经历是远远不够的，我们还需要以这些经历为着手点，深入探索分析。

第三，深度思考既以拓宽思维为出发点，又以其为最终成果。这一说法听上去有些令人费解，但正如其所说，以描述为起点，并不断加深思考，实际上就是在描述的同时对经历的事件展开分析。尽可能全面地分析某一事件，就需要从不同的角度来看待这一事件，也就产生了拓宽分析角度的要求。当分析结束之后，自然会产生许多新角度的观点，总的来说，拓宽角度得到的结果也会因此变得更加丰富多样。

第四，过去、现在和未来在深度思考的过程中具有相关性。当你对过去发生的某件事展开深度思考时，其实是立足于当下时空的。而这一过程的目的就是，要从中学习经验、定义行动，以求在未来的时空中获得收益。由此，过去、现在和未来这三者时空交互的相关性就显而易见了。而在这种相关性驱动下的模式正是深度思考的起源。

有时候，当你使用深度思考的模式分析当下正在发生的事件或者分析未来即将发生的事件时，似乎不能立刻找到未来时空与过去时空之间的连接点。但实际上，当下时空的你是由过去的你所决定的。在过去时空里获得的想法和信仰，影响着你现在的行为模式和思考问题的方式。

第五，深度思考具有个体性。简单来说，你作为一个个体，也正是开展深度思考的主体。你通过个体的思考和感觉去分析重要经历的各个方面。你的价值观、信仰和过去的经历，帮助你认定目前对你来说非常重要的事物。两个人同时对相同的一件事展开深度思考时，他们可能会得出部分相同的结果，但两个人得出的最终结果绝不可能完全一致。

充分利用好你的时间

如果你平时进行深度思考的次数不多，那么你通常会先从旁边观察，再从侧面一步步切入主体。但如果深度思考已经成为你日常生活的一部分，那么它的效用就会渗入到你生活的方方面面，不断改善你做事的方式。

下面的表描述了六种有关深度思考的使用情况，随着序号的递增，表示使用频度也在递增，而且每一种情况又可以分为经常、有时、偶尔三种使用频度。你可以从第一种情况开始，依次进行专项练习，直到第六种情况结束。这样，就能有效提高你的深度思考能力。

表2-4　六种有关深度思考的使用情况及其频度测评表

描述	频度		
	经常	有时	偶尔
1.对工作的过程、实施和结果一直保持监控。			
2.使用最合适的标准来评估自己的工作表现。			
3.反思自己与他人之间的关系。			
4.和他人分享自己深度思考的结果，并从对方的反馈中学习经验。			
5.相信深度思考能够有效地解决问题。			
6.使用深度思考模式来改善工作方式。			

在任何情况下，你都可以使用此表来了解自身进行深度思考的频度。这一频度不会一直保持不变，但是通过此表的测评，你可以监控自己对于深度思考的态度反应，观察发生在自己身上的变化。

接下来,请你完成下表所示的测评,而且每隔两周再回答一次表中的所有问题,对比一下你每次的回答有什么不同,并对其发展趋势进行评估。

表2-5 六种有关深度思考的使用情况及其频度五日测评表

描述	将每天进行深度思考的频度填写在对应的表格里,频度分别是经常、有时、偶尔。				
	星期一	星期二	星期三	星期四	星期五
1.对于工作的过程、实施和结果一直保持监控。					
2.使用最合适的标准来评估自己的工作表现。					
3.反思自己与他人之间的交往联络。					
4.和他人分享自己专注思考的结果,并从对方的反馈中学习经验。					
5.相信专注思考能够有效地解决问题。					
6.使用专注思考的模式来改善工作方式。					

哪些因素可能会影响测评结果的趋势?你对于这一结果如何看待?对此你能做些什么?请把你的回答写在下一页的空白表上。

完成调查后,每月四次,每周一次,坚持定期观察监测。

表2-6 六种有关深度思考的使用情况及其频度月度测评表

描述	将每周进行深度思考的频度填写在对应的表格里,频度分别是经常、有时、偶尔。			
	第一周	第二周	第三周	第四周
1.对于工作的过程、实施和结果一直保持监控。				
2.使用最合适的标准来评估自己的工作表现。				
3.反思自己与他人之间的交往联络。				
4.和他人分享自己专注思考的结果,并从对方的反馈中学习经验。				

续表

5.相信专注思考能够有效地解决问题。				
6.使用专注思考的模式来改善工作方式。				

再次观察和评估图表测试结果的变化趋势。

哪些因素对你的测试结果产生了影响？你自己如何评价调查图表的结果？对于这样的结果你能做些什么？

_____

_____

_____

_____

现在，根据图表测试的结果，我可以给你一张模式图，它会告诉你到底该如何进行深度思考。尽管有些书籍也会告诉你该如何进行深度思考，但是没有一本书会告诉你该如何行动。下面这张模式图，就是解决问题的最佳方法。

○ 模式图的作用很大，它既能告诉你应该到哪里去，又可以在你迷失方向的时候帮你走回正途。

○ 模式图能够帮你节省时间，让你更清晰地看到目标。而且模式图只需要画一次，就可以在之后反复使用。在你前往目标的过程中，可以一直将画出来的模式图当作参考，引导自己将精力都用在确定方向、坚定前进上。

○ 模式图能够很好地展现你的目标。你只要看一眼，就能获得大量精准的信息。与此同时，它还能帮助你在实现目标的道路上确定前进的方向。

下面的例子是我在儿童地理网站上看到的，我觉得十分贴切。

如果我们要去寻找埋藏的宝藏，但唯一知道藏宝地点的人不能跟我们一起同行，那么，我们怎样才能找到宝藏呢？

也许藏宝人可以详细地告诉我们该如何找到宝藏。

这个办法或许可行，但是，如果我们在寻宝的过程中忘记了其中一部分，又该怎么办呢？那样的话，我们就只能原路返回，请藏宝人重新说一遍宝藏的埋藏地。

也许，我们还可以把藏宝人的话记录下来。有这些文字记录供我们随时参考，就不会忘记了。

把文字记录整理成信息确实有效，但现在的问题是，我们万一迷路了，那该怎么办？

一旦我们在路途中迷失，这些文字指示就不再有任何用处。如果从迷路后的地点再出发，这些指示就没什么意义了。在这种情况下，地图就是一种完美的解决方案。

画出一张藏宝图，于是我们随时随地都能得到指引，也就不怕迷失方向了。即便迷了路，只要根据地图找到目前所处的位置，我们就可以继续向着目的地前行。

如果你用画模式图的方法练习深度思考，那么你思考事物的角度就会变得与众不同。

还记得我在第一章里提到的"边缘意识"吗？这一概念是从心理治疗专业中借用来的，它指的是把我们储存起来的知识调取出来，拿到当下来使用。如果你知道"企业培训指导"这一概念是如何应用到实际工作当中的，那么你对"边缘意识"的概念一定不会陌生。

从哲学角度来说，企业指导或者商业培训指导的核心是，学员在获得指导之前就已经有了问题的答案。但是一般情况下，学员无法意识到自己已经有了问题的答案，只有接受专业教练的指导，才能（由教练或自己）找到心中的答案。

这样的培训指导与体育教练的培训指导并不一样，因为体育教练是通过交流合作让学员进行大量的训练，而不是让学员从自身已知的答案中受益。

卡罗尔是一家服务公司的营销主管，她最近正在尝试实施一项新的营销策略。她为此花了很长时间去研读相关书籍和论文，但是这些努力并没有让她获得完全满意的解决方案，反而不断削弱着她独立解决问题的信心。

参加了深度思考培训之后，卡罗尔开始尝试使用深度思考模式图来解决自己遇到的问题。在当时的情况之下，对卡罗尔来说，绘制模式图的总体概念要比模式图本身的细节更加重要。除了模式图之外，卡罗尔还为自己设计了一些发散思维的引导性问题。

她设计的引导性问题主要围绕着"在过去实施新策略的时候学到了什么经验"进行展开。这是因为,她曾有过一次类似的经历,通过模式图描述上一次实施策略时学到的经验,找到了自己想要的答案。

与此同时,卡罗尔还意外地重拾信心,很快就意识到答案其实早就藏在自己心里。

深度思考模式图的使用

关于如何充分使用深度思考模式图,我将在第四章中与你分享。你现在需要做的是,学会从不同的角度看待事物。下面将为你介绍具体该如何做到这一点。

从不同的角度看待事物是指,我们在看待事物时,至少要考虑三个层面:大脑认知、心理情感以及身体感受。

图 2-2　大脑认知、心理情感以及身体感受示意图

下面我们依次对这三个层面进行分析：

首先是大脑认知的层面，这一层面是指你要使用自己的理性和逻辑来看待事物。也许这一层面对于你来说很熟悉，因为这是我们认知事物最常用的方法。

如果我现在问你在什么地方，那么你会怎么回答呢？花一分钟时间想一想你会如何回答，然后把你的答案写下来。

从大脑认知层面看待事物通常包括以下几个方面：

内在与外在

看到的颜色

接触到的人和事物

温度

尺寸

听到的声音

第二个层面要求我们从内心的情感出发去看待事物，这一层面也与我们对事物的感觉和情绪有关。因此，在描述这一层面时，你很可能会用到下面这些与情感相关的词语：

快乐　悲伤　冷漠　害怕

沮丧　伤痛　积极　活跃

开心　惊喜　热爱　自满

愤怒　忧郁　无助　失望

绝望　厌烦　激动　寂寞

这些词汇只是不完全统计。

除此之外，每个词语背后还关联着许多变体，而这些变体对不同的人也有着不同的意义。但是，我们在这里并不是要列举所有的情绪词语，所以这一点对于我们来说影响并不大。

如果你想了解自己的情感因素，那么下面的问题也许会对你有所帮助：

○ 你对自己目前所处的位置有什么感觉？

○ 你对自己看到的事物有什么感觉？

○ 你对温度、尺寸、颜色有什么感受？

○ 你觉得自己平时的情绪如何？

○ 你能意识到自己有哪些矛盾的情绪吗？

请挑选与上面列出的情感词语及其变体或细化词语类似的情感词汇来描述自己内心的情感因素。但要注意，不要将自己的"想法"列入到情感因素中。因为"想法"隶属于第一部分大脑认知的层面。当你确定了自己对于事物在情感上的第一反应后，那么请你尝试着进一步扩大自己对于这一反应的描述。你可以使用下面这个问题：

这一事物（例如：好）在哪里？

将你所选出的情感词语一一放到这个问题中，看看你能得到什么样的结果。

第三个层面是身体感受。这一层面是指我们生理上的感官经历。这些经历与曾经发生在我们身上的某一事物有关，但在我们能够感受到这一事物前，我们还不能感受到它。

下面举一个例子：在你头疼得很厉害的情况下，如果你把精力都放在头疼这一身体感受上，就会觉得自己的脖子和肩膀在不断收紧。继续关注自己的身体，你会发现自己还屏住了呼吸。通过深度思考，你会发现自己正经历着焦虑和紧张。这种感觉从何而来？你可能会觉得是时间造成的。那么你的头疼又和什么有关呢？你很可能会认为是自己昨天参加板球比赛时不小心撞到了头部，但是你很快又发现，其实自己的头疼与昨天的撞击并无关联。

现在，用一分钟时间想一想你目前身体感官所接受到的感受是什么，然后通过深度思考找出这些感受背后的意义。

表 2-7 个人感受及其意义调查表

不同感官的感受	感受背后的意义

再用几分钟的时间细化你的发现,尽量提高自己对于这些事物的注意力!

从不同角度看待事情对我们有什么意义?

通过不同的角度看待正在发生的事情,能让我们对同一件事拥有不同的理解,从而获得更多的信息。

拥有了更加宽阔的角度后,你就拥有了更多的选择,也会更清楚自己的喜好。往后再遇到类似的情况时,你的思维就能从最有价值的事物开始思考,由高到低,依次进行,以确保过程的完整。

在这一过程中,事物一直处于发展之中,我们很容易被所正在发生的事实所控制,从而选择那些经常使用但一点帮助也没有的方法来解决问题。

请仔细分析下面这张模式图,它详细显示出了从发现问题到解决问题的最有效途径。

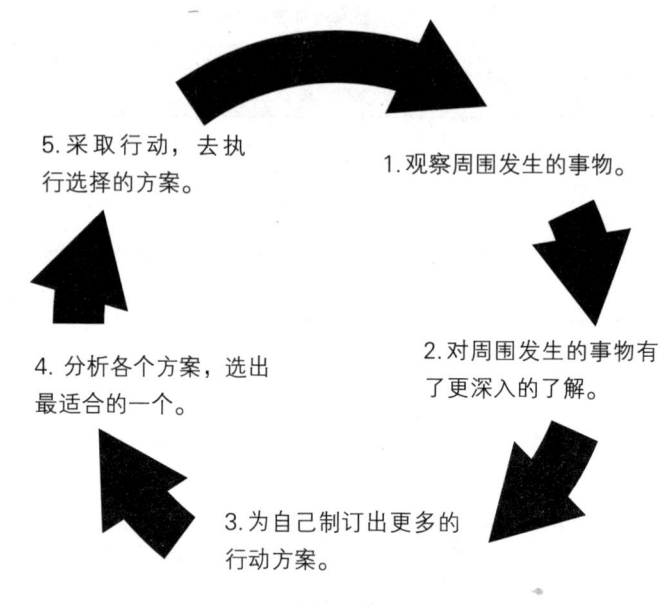

图 2-3 深度思考模式图——5 阶扩展模式

据我经手过的数以千计的案例来看,很多人在第一步观察周围发生的事物时,仅仅将注意力集中在其中几个方面上,然后就匆匆跳到第三步,开始为自己制订更多的行动方案(尽管有些时候,有的人只能想出一个方案),随后就立刻进入第五步,去执行选择出的(仅有的)方案。

整个过程往往就止步于此,完全无法继续向前推进了,更无法验证刚刚选择的方案是不是足够好。而深度思考的练习,就这样被忽视掉了。

按部就班地遵循此模式的步骤一一进行,将会对实践的结果有着显著改善。也许你觉得这样的要求太过完美,但只要你想一想,这些好处其实是完全可以拿到的。也许,你有着"没错,但是……"的想法。那么请你翻到下一章,看看我是否猜中了你的想法。

我觉得在第二章里,我有把握说服你开始培养自己深度思考的习惯。最后我要说的是,深度思考模式图绝对值得一用。

本章要点

四种学习和沟通的基本模式：

激进者

反思者

理论者

实践者

观察活动具有以下三个层面：

认知层面（在心中、在思维里）

影响层面（在情绪、感情中）

身体层面（由身体的感官而来）

你的章后总结：

_____

_____

_____

_____

第三章　没错，但是

> 习惯造就了我们每个人。因此，优秀不是一种行为，而是一种习惯。
>
> ——亚里士多德

我完全能够想象到，书本面前的你此刻正满腹委屈地抱怨："我已经相信你说的深度思考能给我带来好处，但是，我到底要怎么做才能掌握它呢！"

下面，我就为你解答这个问题。

学习起来很困难

深度思考从本质上来说是一种技能。既然是一种技能，就会有一个从基础到纯熟的过程，和所有技能一样，其基础阶段比较容易，但想要精通就相对困难一些。

对深度思考练习者来说，在初学阶段，任何努力都会带来切实的收益。总体来说，深度思考是一种易学难精的技能。

无论你学习什么技能，都要让身体记住你的动作，这样的话，下次你就可以做得更好。

我十分确定，每个人都有一些自己擅长的技能，你学习此项技能的过程完全能证明我前面所说的，比如：学习烹饪、学习电脑软件、学习驾驶、学习陌生的语言，还有很多类似的例子都能证明。

请把你擅长的技能写在下面的空白处：

想想你第一次学习这项技能时的窘迫样子，再看看自己现在的熟练程度。为了掌握这项技能，你付出过多少努力和汗水？后来为了保持对这项技能的熟练度，你又付出了多少努力？

无论做什么，入门阶段都是枯燥而痛苦的，但随着练习和学习程度的加深，你慢慢就熟能生巧了。

技能学习的阶段模式

为了理解这一观点，我们可以先来看一种模式，这种模式通常被称作"技能学习的阶段模式"。它能为我们展示出学习技能时的不同阶段，我们可以把这些不同的阶段看作学习渐进的步骤：

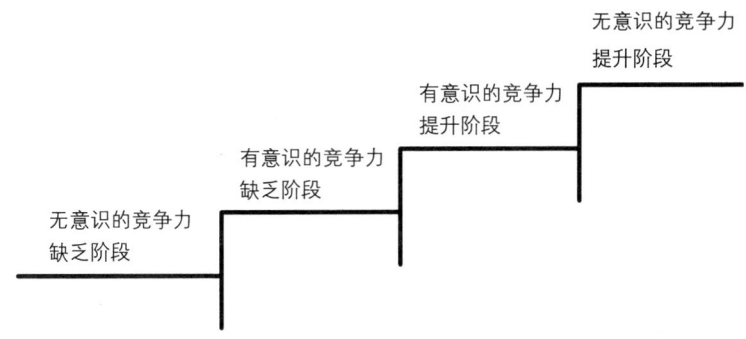

图 3-1　技能学习的阶段模式图

每当我们学习一项新技能时，都会从最底层的"无意识的竞争力缺乏阶段"开始。

在这一阶段，我们对于自己在某一项技能上的无知毫不知情，也完全不了解这项技能具体是什么以及和我们有什么联系。

或许，我们从未注意到其实已经有人掌握了这项技能，或者说我们根本看不出这项技能的发展轨迹。想想那些正在蹒跚学步的孩子，他们以后可是能像爸爸一样开汽车呢！

但是当我们仔细审视这些技能时，才会意识到学会一项技能需要付出多少努力。我们只有在了解到一项技能从入门到纯熟运用的过程有多长远时，才会发现自己正处在"有意识的竞争力缺乏阶段"。这时，我们就需要有意识地决定——是否需要付出大量的努力来进入下一阶段。

如果我们已经想好要进入下一个阶段，那么我们就得在这项技能中不断地训练自己。这就意味着我们已经进入"有意识的竞争力提升阶段"。这一阶段需要我们集中精力,最好是能列出学习计划的清单(既可以直接在心里列出,也可以做出实体清单)来逐条完成。

这一模式中的最后一个步骤是"无意识的竞争力提升阶段"。在这一阶段中,我们已经能够纯熟地使用某项技能,能够无意识地展现出这项技能,不再需要遵循先思考再输出的步骤。

回顾一下你上次升职时的情景。更高要求的工作任务也随着升职而至,这时你就已经从第一阶段——对自己的竞争力缺乏毫无意识,发展到了第二阶段——对自己的竞争力缺乏有了意识。只要走到了第二阶段,你就可以学习这项技能了。当你开始学习这项技能时,你就已经走向第三阶段——有意识地发展自己的竞争力。一段时间后,当这项技能对你来说已经炉火纯青时,你就已经进入了第四阶段——"无意识的竞争力提升阶段"。

讲到这里,很多人就会疑问,上面讲述的技能发展模式和我们培养深度思维之间到底有什么关联呢?

其实,当你拿起这本书时,就证明你已经开始了第一阶段——"无意识的竞争力缺乏"。

至少,现在你已经开始思考深度思考技能对你有什么帮助,或者说这本书对于你的工作和生活有什么帮助。这些思考都证明,你已经进入了"有意识的竞争力缺乏"阶段。而从这一阶段开始直到第三阶段"有意识的竞争力提升",都需要我们不断地学习和练习。

本书接下来的几章将为你提供一些能够帮助你提高技能的指导,

教会你几项有用的技能,还会为你提供一些实用的练习,帮助你在实践中发展自己。这些练习恰好能帮助你从第二阶段转入第三阶段。

从"有意识的竞争力提升"到"无意识的竞争力提升"的过程,你必须进行大量的练习。

尽管在第三阶段初期,你在使用技能时仍需要聚精会神、小心翼翼,但是经过一段时间后,你就能够跟着自己的意愿,得心应手地应用这项技能了。

学习如逆水行舟,不进则退,一旦你对自己的水平过于骄傲自满,就很可能前功尽弃,而你甚至意识不到自己已经对这项技能完全生疏了。这种情况对深度思考来说是非常危险的,因为它的核心就是"意识"。

如果你过于骄傲自满,那么你就会连自己的落后都意识不到。这样一来,当你进行深度思考练习时,就不会再像原来那样投入了。

使用起来太枯燥

人们通常认为,只有在静室独处,冥想入定,保持一副飘然静逸之态,才是深度思考的样子。

我们能够找到很多科学的证据来证明深度思考的优势。神经科学领域的"神经可塑性"理论就是一个很好的例子。神经可塑性是指由经验学习引发的大脑结构改变,具体是指我们能够运用我们的意志力去改变我们大脑的结构。

这意味着,只要我们专注地去思考和学习,大脑就会在这一过程中得以再次塑造，也就让我们更容易掌握和操作某些技能。

除了在科学领域之外，在许多其他领域中，也一样能够找到证据证明深度思考的益处。

尽管在商业领域和商业机构中，还没有足够的研究能表明深度思考的益处，但在其他许多专业领域，比如：心理治疗、社会工作、教育界和学术界等领域都得到了充分的证实。而在日常事务的处理、思维的提升和问题的解决能力上，深度思考的高效性和改善作用都得到了更充分地证明。

对你来说不太合适

通过上一章的内容，你应该已经清晰地了解到自己的学习偏好。如果你是反思型的学习者，那么这一小节的内容可能并不适合你。因为反思已经是你的学习模式了。倘若如此，你对于本书的要求，更多的应该是寻求一种切实可行的方式和方法。因此，你完全可以跳过这一小节，直接阅读下一小节的内容。

如果你并不是一个反思型的学习者，那么你可能会对这一小节的内容无所适从。我坚信不成熟的反思型学习模式是限制你表现出最佳状态的因素之一（我猜测如此）。那么，我们就来看看，它是怎样影响你的表现状态的。

如果你是一个激进型或应用型的学习者，那么在深度思考的运用上你很可能会遇到很多阻碍。你在做事时往往会操之过急，有时可能事前准备不够充分，思虑不够周全，没有想清楚自己的行为可能会带来的后果。这意味着你的应急方案还不够完整或者不成体系。当事情出现纰漏的时候,结果通常会变得比正常情况更糟糕;若是在此之前你已经准备好了一套应急方案,事情就不会变得如此糟糕。

也许,你早已意识到这一点——事情变得糟糕完全是因为你下决心下得太快,还没考虑清楚一些重要的影响因素,就已经让手上的事务以"错误"的方式开始引导了。

安迪就是一个激进型的人,她总是有很多工作任务,她承认自己做过的工作大都需要重新来做。

最近她网购了一台新打印机,当她拆箱之后才发现这台打印机与她的平板电脑并不适配。但在下单的时候,她并没有想到这一点。

这意味着她要多花一些时间把这台无法满足她需求的打印机重新打包,再邮寄给商家,然后买一台适配的打印机,最后还要花时间等新订单派送到家。

激进型的人不喜欢被打断,他们觉得做事的时候中途暂停,或者做完之后去复审做事过程中的感受,以及总结经验教训,是一件非常困难或者让人特别不舒服的事情。

这就意味着激进者从自己的行动中吸取的经验通常都比较浅显,不具备普遍意义。如果能够更深入、更细致、更专注地审视这一过程,那么结果就会有所改善了。

维杰是一家会计师事务所的主管,他有着鲜明的应用型性格,他承认自己是一个容易放弃的人。许多外在的压力,迫使他不愿多花一点时间在不需要的事物上。

在一次企业领导特训之后,他承诺自己每周会多花15分钟来反思这一周所做过的事情(没错,只要15分钟),尤其是关注自己在过去的一周的工作里学到了什么。我让他向自己提出一个问题:"这一周的工作中,最值得我学习的事情是什么?"

第一周结束后,维杰就已经看到了这短短15分钟给他带来的改变。于是,他坚持每周进行一次工作反思。

一个月之后,这个新习惯帮了他大忙。他成功发现了一个被他忽略掉的大问题,而这个问题很可能会给他最大的客户带来不良影响。因此,他将所有的发现都归功于这个新习惯。

当你阅读对自己有用的数据或文字时,你会变得富有极大的耐心,同时你也能用最快的速度处理好具有应用价值的数据或文字。这意味着你错失了许多能够帮助你扩展视野、激发思考的机会。

慢慢地,你会发现,有些人的经历看似和你毫无关联。当然,每个人的经历都是不同的,但你完全可以通过借鉴别人的经验教训来增加自己的见识,同时也能避免自己犯同样的错误。如果你不注重从别人的经验教训中学习,那么你可能很快就会犯同样的错误。

如果你是个理论型的人,那么你应该已经花费了很多的时间来思考自己正在做的事情。你可能会更多地去关注抽象的概念建设,而不是立足于具体的经验或者实际试验。虽然实际行动中的思考和学习可能会十分有用,但在今天这种快节奏的竞争大环境下,它们的具体作用却有待商榷。

每个人都希望自己能够用最少的时间成本实现最大的收益。因此，你需要把自己的时间投入到能够带给你最大收益的事情上。

理论型的人往往喜欢构建逻辑完美的结论——致力于解决模棱两可的事物，而丢弃了主观反馈。现代社会中模棱两可的事物已经成了生活中的一种常态，因此我们需要找到一些合理的解决方案。

主观反馈对于深度思考来说，有着绝对核心的作用。这一观点并非要反驳事物的客观性和逻辑性——仅仅是为了推导出在深度思考中主观性的重要地位。

对于一个理论型的学习者来说，最重要的调整是培养自己的单向思维，也就是说，当你跳入一个新观点时，不要一味地追求逻辑链条，而要接受自己的主观反馈。你可以理解为你要多多依赖自己的直觉，或者把自己的思维聚焦在"如果这样做，会有怎样的结果"这类发问之上。

你需要让自己的学习行为获得最大的收益，把时间花在能够帮助你同化新信息的抽象思维上。同时，你也需要把这样的思维和对过去某些经历的复审以及对未来实践计划紧密地结合起来。

下一次，如果你需要为自己的决策搜集信息的时候，我建议你可以向毫不相关的人咨询。不要老想着"没错，但是……"，首先，你应该评估自己所拥有的资源，想一想你要如何利用现有的资源扩展你的事业。

如果你考虑重组自己的团队，完全可以去听听健身房教练的建议。如果你考虑引进一项新的软件开发技术，完全可以问问那些从不使用智能手机的人。如果你担心自己的某个客户会突然流失，完全可以向一个不懂你生意的人请教。

你要用这样两个问题来考量他们给出的建议。如果我听取了他们的建议会有什么后果呢?之后会遇到什么情况呢?

不论你本身是什么类型,把自己的思维模式向反思型培养,就能为你带来更多的好处。那么,怎样做才能培养出自己的深思能力呢?

不知道如何更深入地思考

首先,如果你能够找到阻碍你进行深入思考的因素,并将之顺利解决掉,自然会获得极大的助益。下面罗列出几个常见的因素。

○ 缺少时间思考和计划

○ 行动太过匆忙

○ 没有足够的耐心

○ 不擅长倾听和分析

○ 拒绝把计划落在纸面上

阻碍你进行深入思考的因素是什么:

深度思考提升器

如果你回想一下前文讲过的"竞争法则",就不难理解这个道理:只要你真的下定了决心做某件事,就一定能做得到。或者说,真正困扰和阻碍你的是——不得其法。

下面几个案例将帮助你开始这一进程。

坚持每周写一篇周记。每天记录下当天发生过的一些重要事情。给每天发生的事情想一个主题,或者给一天中的每一个部分想一个主题。每周结束时,反思一下本周发生的事情,并尝试做出总结。

每次重要会议结束后,给自己一段时间用以反思自己在会上的表现。想想有哪些方面做得好?有哪些方面做得不够好?有哪些方面需要下次有所改变?

培养自己和维杰一样的习惯——每周花15分钟问自己一个重要的问题。维杰的问题是:"我从本周的经历中学到的最重要的东西是什么?"那你的问题的又是什么呢?

注意观察人们在开会时的行为表现。边观察边做笔记,记下每个人的发言用了多长时间,有谁打断了谁,会议的主持多久做一次总结性发言等。与此同时,还要多观察人们的肢体语言。他们什么时候会做出肢体语言?用了什么姿势?别人对此的反应又是什么?

记录一个需要你用心做出的重要决定。为这个决定找出五个可能的解决方案。花一些时间,认真分析每一个方案的优势和劣势。

继续阅读这本书,并保证在每一章结束后,抽出时间完成至少一个练习。

> 为了提高自己的深思能力，我要做的练习有：
>
> _____
>
> _____
>
> _____
>
> _____
>
> _____

耗时太久

这是我们拒绝深度思考最常见的原因之一。但我要问问你：到底多久才算太久呢？对于积极思考的人来说，投入时间根本就不是问题，相比较之下，真正的问题在于投入的时间能给你带来多少回报。

回忆下第一章中列出的深度思考图谱。首先，你要确保自己投入到深度思考上的时间是在思考正确的事情。同时你还要确定，自己投入的时间能够获得足够的回报。如果你已经确定，你所投入的时间能给你带来巨大的回报，或者说收获的价值要远远大于你投入的时间成本价值，那么你完全可以把时间投入到这种努力中来。

如果对你来说的确如此，那么在本书接下来的几章中，我将为你提供一些发生在生活中的例子。但是，我依然坚信，最好的例子是发生在你自己生活中的事情，将它们泛化到实处的最佳方法就是投入进去，立即行动。

总是太过关注结果

大多数人在做事之前都会考虑到事情的结果。深度思考的目的在于延长思考的时间。倘若你没有认真思考过自己的行事方式，没有在行之有效的事情上多做努力，你又怎么能确定自己正朝着绝对正确的方向进发呢？

你可能会认为，在实际操作中，自己已经将原计划中所要使用的所有资源都调动了起来。

你想要借以正确的理由，依靠正确的人选，在正确的时间做正确的事情。

但是，一定要避免一个误区——在我介绍深度思考的时候已经提到过——没有进行深度思考并不意味着你没有在思考。我很确定你们每天都在做着大量的思考。请相信自己。如果你没有做过任何思考，那你绝对不会像现在这样成功。

我在本书中提出的建议是，希望你能用不同的思维模式去思考问题，用特别的思维方式去处理特定的事件。

如果你能够做到这一点，我相信你一定会有所收获。

我也知道我应该这么做——我以前也听过这个方法——但我就是没办法把深度思考培养成一种习惯

培养一种新的习惯确实不容易。习惯的培养往往需要大量时间。

柯林·博韦尔说："如果你想在大事上有所成就，就必然要在小事上培养好的习惯。"

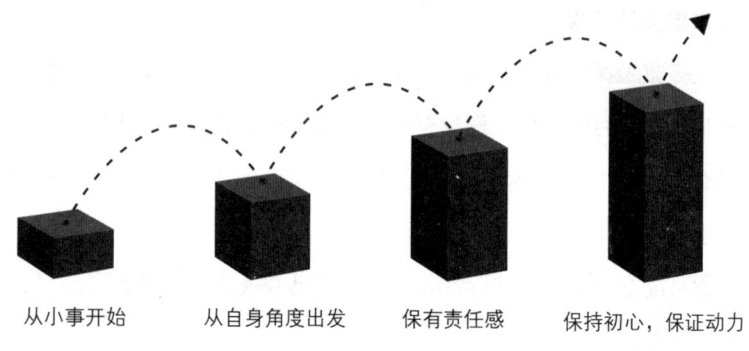

图 3-2　培养习惯的步骤

所以,根据以上四个步骤,尝试培养一个新习惯。

从小事开始,每次给自己的新习惯增加一点新的内容。

从小事开始,有两个好处。首先,如果一开始你就要求自己达到某种高度,无疑是在摧毁你培养习惯的心志。

这样做还有一个好处,有研究表明,当我们没有实现自己的目标时,从心理学的角度看,我们很可能会说"真糟糕",然后把自己当初的渴望完全抛弃。

从自身的角度出发,坚持自己的努力。

在你内心批评的声音消减时,请大声地告诉你自己现在做的(无论在什么情况下)已经是最好的了。

保有责任感,向外宣布你的目标,至少要告诉你自己。

你可能认为,只要对自己负责就够了,当然,你也可能觉得这还远远不够。在任何情况下,我们都要明确自己的意图,把自己的目标具体化。

你自己设定的目标——最好是已经确认好的目标——要比外界强加给你的目标容易实现得多。(这可以比作是几天没有喝过水的干渴和外界禁止喝水情况下的干渴,前者会让你喝水的动机更强烈。)

保持初心,随心而动。

这条建议是要告诉你,追求的事情一定是你想要做的事情,并能从中看到这样做所获得的利好,而不是在别人的建议下才去做的。

如果你已经整装待发,那么我们就来看看EDGE-it思考模式吧。

本章要点

你可以通过各种言论来反驳深度思考的益处,然而调查显示,这些观点都站不住脚。

无论你属于哪种学习类型,你都可以找到适合自己的方式来学会深度思考。

在我们完全掌握一项新技能之前,必须不断学习,反复练习。

你的章后总结:

_____

_____

_____

_____

_____

卷二

深度思考实践指南

学而不思则罔,思而不学则殆。

——孔子

深度思考:让所有事情都能正确入手

第四章　开发在实际情况下能够
应用的观察和思考模式

到目前为止,我希望你已经大体上接受了深度思考的模式,并且已经确定了你想得到的收益。同时,你也初步实现了自己的一些目标。现在,是时候让你了解深度思考的实操步骤了。

我自己发明了一套多元化的用于商业领导力培训的深度思考模式。当然,在其他领域内早就存在着与此领域相对应的模式。例如:在教育领域,已经有很多相关书籍向我们展示了深度思考在教学和学习中的优势所在。

除此之外,在教育领域还有很多能够帮助教师(尤其是面向师范类学生)了解如何进行深度思考的模式,以及深度思考式教学对于学生的助益。

但我认为,我们应该开发出适合自己的深度思考流程,把重点放在深度思考练习的实践性优势上去。我们必须建立以"目标为导向"的深度思考模式,以便自己在每一个思考阶段都能把重心放在最关键的环节上。

引入EDGE-it思考模式：以实践性优势为导向的深思练习

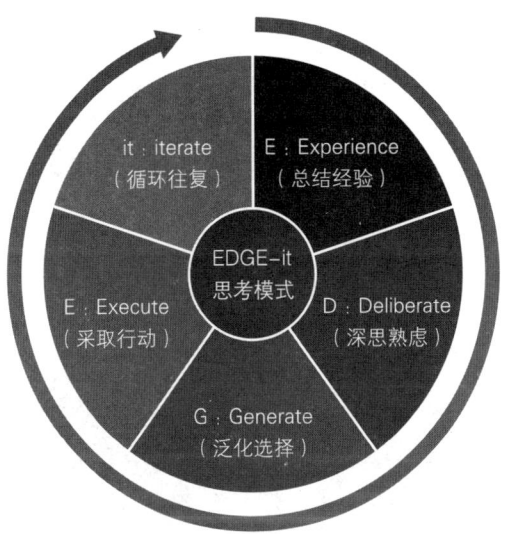

图 4-1　EDGE-it 思考模式示意图

EDGE-it思考模式是一种以目标为导向的思考流程，完全可以被应用到商业环境和其他环境中。当你遵循这一模式进行思考时，既能在学习的过程中获得创新，又能关注于自己的实际行动，进而取得更好的做事成果。你使用这一模式时投入的每一分努力，都会让自己的思维变得更有条理、更加清晰。

EDGE-it思考模式的应用时区总体上分为三类：事件发生之后的过去时区，立足于当下的现在时区，以及推进计划前行的未来时区。在不同的时区里，你对于此模式的应用也会略有不同。

在现阶段，我们可以把EDGE-it思考模式作为基础模式，打好基础之后，再在具体的时区内做出相应的调整。总体来看，三个时区中的应用原则是大致相同的。

下面,就让我们来看看EDGE-it思考模式的不同阶段。在给你介绍基础模式的同时,我还会给你提供一些具体的实践案例。

第一阶段"E"——总结经验

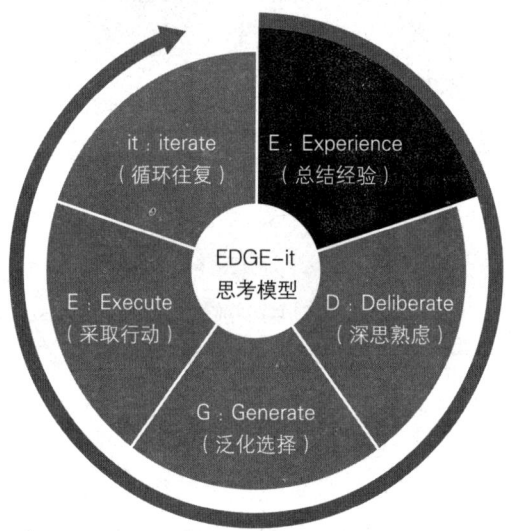

图4-2　EDGE-it思考模式第一阶段示意图

此模式的第一阶段是"总结经验"阶段。在这一阶段,你首先要了解以下几个定义性问题,并尽可能作出详细且准确的回答。

○ 这一阶段发生了什么事?

○ 在这个过程中都有哪些人参与?

○ 这一阶段与其他阶段有什么共同点,有什么区别?

你需要注意表层之外的东西,同时还要具备辨识能力,总结出更多来自身体和情感上的经验。

经过这一阶段之后,你对于总结经验就会有一个更深入的认识。

首先你要提高自身对经验的注意力,尽最大的努力去关注所有能够积累经验的事物。其次,你要明白,无论是过去积累下来的经验,还是正在获取的经验,抑或将来遇到的新经验,只要你能把总结下来的所有经验都了解清楚,就能够妥善处理好所有事情。

EDGE-it思考模式第一阶段的"总结经验"一定要注意两个方面。

第一,自身做好准备,抓住总结经验的机会。

第二,提高注意力,高度精准地对"经验"进行描述和定义。

杰森的案例1:

这是一项高水准的案例研究,旨在帮助你弄清EDGE-it思考模式的几个基本阶段。在本书卷三中,作者将会对每一个阶段进行更详细地描述,把各阶段之间的细微差别一一列出。不过,现在我们先来看看EDGE-it思考模式的核心结构。

杰森在上次的升职面试中使用过EDGE-it思考模式来帮助自己应对当天要接受的考验和评估。

面试以答辩研讨的方式进行,由三位评委组成的评估组对他的表现进行测评。

杰森早早到场,虽然他很想保持冷静和自信,但是在候场期间,肾上腺素飞速飙升,导致他非常紧张。面试结束后,杰森对自己的面试表现进行了反思。

总结经验,即每一次经历中自身意识和目标的集合。他注意到,自己和三位评委中的其中一位有着明显的契合。同时他发现,无论评委提出的问题多么具有挑战性,他都能沉着应对,但是在面试中用提前准备好的稿子做自我陈述时,他的表现很糟糕。

第二阶段"D"——深思熟虑

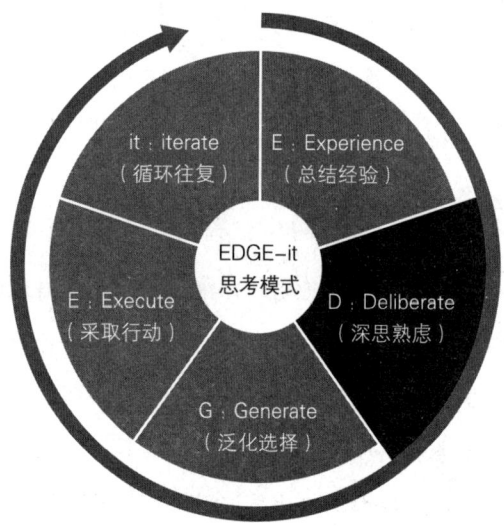

图 4-3　EDGE-it 思考模式第二阶段示意图

EDGE-it 思考模式的第二阶段,你需要把自己的行动拆分为精细化操作。在这一阶段,你会逐渐了解到"发生了什么事情"这一问题的真正意义所在。

不过,你必须深入基底地追问相关问题,不能只停滞在表面描述。你要发掘经验对你的意义,思索自己能从中学到哪些知识。

当你完成这一阶段后,就能对经验有更加全面的认识,并能理解不同层面的隐含意义。此外,你还能找到自己从经验中获取的价值意义,知道经验有什么用处。

你要清楚地了解这一阶段的名称"深思熟虑",它既能形容一种状态,又能指代一种行动。总的来说,就是抓紧时间对自己的经历进行深度思考。

具体应该怎么做呢?

1.尽可能地对自身的思考做出全面回应,你需要保持活力,多学多练。

2.把注意力集中到观察上。这能使你对事物有更深刻的理解,还能帮你转变自己观察事物的视角。当看待事物的视角发生转变后,你就会时常获得意外惊喜,对原本熟悉的事物也有了新的理解和见识。

如果你本身并不具备反思者的思维,那么构建反思思维的过程对你来说可能会稍微有点困难。但请你在开始之后,尽量多坚持一会。这一过程可能会耗费你大量时间,同时还须让自己保有决心和毅力,但请你相信,这样的努力绝对会收到可观的回报,能让你在模式的下一阶段中快速切中问题的症结所在。

在第二阶段,你还需要用问答的方式来帮助自己获得进步和改善。你应该向自己提出一些具有探索性的问题,尽力将自身的方方面面都了解透彻,让所有隐藏在经验之后的问题都无所遁形。

与此同时,你也需要明白自身经验的实用价值,并进行深度思考,弄清楚自己到底想从经历中学到什么。

杰森的案例2：

深思熟虑——这一阶段的目标是彻底了解和认识自身的经验，弄清楚自己到底想从中学到什么。

杰森过去的经历帮助他通过肢体语言的信号了解到自己和第一位面试官之间保持着高度的一致性。但他并不确定这位面试官是不是第一个向他抛出橄榄枝的人，而且他也不清楚自己是不是这位面试官选中的第一个人。

因此，杰森对于面试官的"邀请"做了有所保留的回应。这是他做出的重要决定，因为在多位面试官面前只和其中一位保持高度的一致性并非明智之举。

以上就是他从本次经历中学到的第一个经验。

当你完成第二阶段之后，就可以进入第三阶段了，"G"阶段——泛化选择。

第三阶段"G"——泛化选择

先学习经验，再将其付诸于行动。这往往是提升工作能力的核心所在，二者紧密相连，缺一不可。

进入第三阶段，你需要为自己接下来的行动做出更多的选择。如果你想创造性地解决问题，首先应该制订大量的可供选择的方案，而第三阶段恰好能为你提供这样的机会和时间。此外，你还要不断转换自己的视角，尝试从不同的角度去看待问题。

第三阶段结束后，你就能找出更多解决问题的方法了。

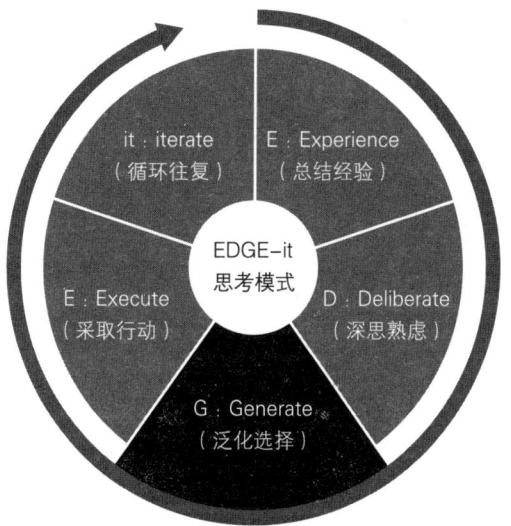

图 4-4　EDGE-it 思考模式第三阶段示意图

那么,需要被泛化的事物到底有哪些呢?我的回答是,有很多。首先,你需要泛化由经历转换为经验的方式,给自己更多的选择。了解自己到底想要学习什么经验,想通过什么样的方式从经历中学习经验。其次,你还需要泛化自己处理眼前的问题和挑战的方式。

第三阶段的核心问题是:现在我能做些什么?

但是请你记住,在这个阶段,你不必采取任何措施,你只需弄清楚"我能做些什么"而不是"我要做些什么"。

杰森的案例3:

泛化选择——这一阶段的目标是,把所有能应用的行动选择都罗列出来。

杰森在第二阶段的深思熟虑中已经有了两个明确的目标：

1. 以更简洁的方式与对方达成一致。
2. 让自我陈述变得更有活力、更有效果。

那么杰森的下一个任务就是，把所有可能用到的行动选择都罗列出来。他清楚地知道，在当前阶段，自己只需把所有的选择都罗列出来，而不必对这些选择展开深入地评估和分析。

杰森罗列出的选择有如下各项：

针对目标1：

○ 在交流中有意识地做好准备，注意对方发出的非语言信号。

○ 阅读能帮助自己从容交流的书籍。

○ 努力和难以相处的人建立亲密关系。

○ 提高自己记住对方长相和名字的能力。

○ 当面对多个面试官时，有意识地将自己的关注点依次排开。

针对目标2：

○ 不要刻意地学习演讲技巧，尝试用自己的激情带动受众的活力和兴趣。

○ 在演说中要留有余地，不要对某些部分过于细节化，给自己留下自由发挥的空间。

○ 在条件允许的情况下，可以一边演讲，一边和听众保持一定的交流。

○ 向其他优秀讲演者学习经验。

○ 参加舞台剧表演的实践课。

第四阶段 "E" ——采取行动

第三阶段的核心目标是,为自己泛化出更多的选择。而第四阶段就需要在这些选择中找到最适合自己的那一项,并果断地执行下去。

要想实现这一目标,你必须仔细考量第三阶段泛化出的关于经验和行动的计划,选出对你来说最有意义的一项。这就需要你认真评估出各项选择的可行度,再决定执行哪个选项。

本阶段结束后,你将会制订出一份完整的行动计划。

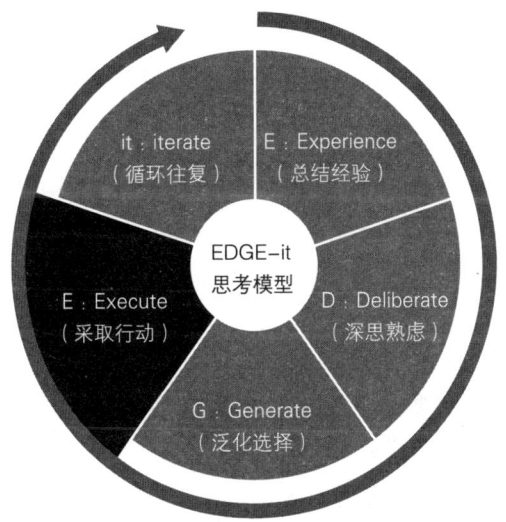

图 4-5 EDGE-it 思考模式第四阶段示意图

进入第四阶段,你首先要决定接下来应该做些什么,具体怎么去做。此前所总结的经验,做出的深思熟虑和泛化出的所有选择,都是在为这一阶段打基础。

针对采取行动这一阶段来说,最核心的内容就是将行动和经验结合起来。经验本身很重要,正如皮特·哈尼所说:"经验是一道关口,帮助你获得实现目标所需要的所有技能。"

如果一定要把经验和商业利益结合起来的话,那么行动就是二者之间不可或缺的联系。EDGE-it模式的第四阶段恰恰解决了这一问题,你将学会如何评估自己拥有的选择,并果断采取行动,而你所采取的行动就决定了结果的差异——至少目前来看是这样,往后看,这一说法也有着极大的正确可能。

你要坚定地采取行动。在接下来的几章中,我们来看看如何才能选出最适合你的行动方案,以及你该如何执行这一方案。

杰森的案例4:

采取行动——以制订完整的行动计划为目标。

杰森在泛化了自己的行动选择之后,将时间都用在了评估这些选择上。他列出了三项当下最迫切的行动:

1. 时刻做好准备,尽早发现交流中肢体语言的信号。
2. 向优秀的演讲者寻求经验和指导。
3. 在自己的演讲中留有余地。

杰森根据这三项要求评估了自己当前的行动。

他发现自己在前两条上都做得十分规矩,但在第三条的实施上,他感觉到了困难。因此,他立刻修改了演讲稿,将其中的某些内容删掉,只留下整体大纲,同时做到完全脱稿演讲。做完调整之后,他觉得自己目前已经达成了第三项要求。

第五阶段"it"——循环往复

循环往复是指对前面四个阶段的重复循环。一旦你已经选好了要实施的计划,并采取了行动,获取了经验,那么重复这些阶段对你来说还会有更多的收获。

前面的四个步骤能帮助你构建深度思考,而只有通过反复地练习才能成为一种习惯。

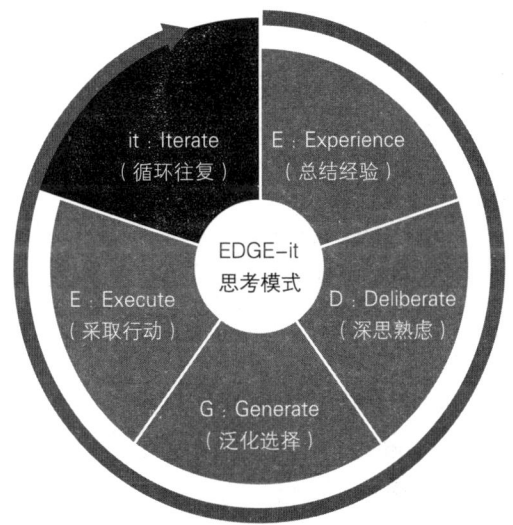

图4-5 EDGE-it思考模式第五阶段示意图

在本阶段结束后,你的眼界将会拓宽。同时,深度思考将成为你的一种习惯并延续下去。

每当你重复深度思考的循环模式,并且依次练习深度思考的各个阶段时,你都能够增长自己的经验,发现更多具有价值的选择。只要你能够坚持重复循环,哪怕只有一次,也必然会有所收获。

如果你想从EDGE-it思考模式中获取最大的利益，那么你就需要把循环往复发展成一种习惯。在每一次的循环中努力去发现既能重复使用又具有价值的新的经验。

杰森的案例5：

循环往复——本阶段的目标是拓宽自己的眼界，在形成习惯的过程中不断培养自己的自信。

参加完面试之后，杰森决定回顾一下EDGE-it思考模式的整体流程，并考察这一模式的有效程度。

他重新审阅这一模式时，发现它十分有效，帮助他在面试中提升了自己的表现。同时，他还意识到，在回顾过程中，自己获得了更多的收获，其中最重要的一点是，他提升了自己的演讲水平。

最后，杰森决定以后要勤加练习演讲技巧，并且多听取别人的反馈和意见。

现在，你已经了解到一个具有商业价值且多元化的深度思考模式。在我过去二十多年来给上千位企业经理人的培训中，我发现大多数人并不会完全按照这一模式行事，他们大多会有以下特征：

○ 已经有很多经验，自动跳过深思熟虑的阶段。

○ 用于泛化选择的时间不足，且仅有一两个可供选择的方案。

○ 直接进入采取行动的阶段，而且从不回顾思考的过程。

这些看似简单的捷径通常会因某个错误而导致严重的后果，或者做出错误的选择。除此之外，还有很多证据表明，按照这一模式的步骤进行练习，能够帮助你在采取行动的过程中做得更好，同时也会引导你做出更多正确的选择。

要在什么时间使用EDGE-it思考模式呢？

正如上文我们所提到的，你可以在三个不同的时间区段里使用EDGE-it思考模式。

过去时区：EDGE-it思考模式应用于"事件发生后"

在过去的时区应用EDGE-it思考模式，很可能是我们最常遇到的深度思考的发生条件。在此我和你要探讨一下，EDGE-it思考模式是如何作用于过去已经发生的事情，并以此来总结用于某些特定场景的经验，推动我们在未来不断进步的。

总体来看，在过去时区应用EDGE-it思考模式是为了改善我们在未来遇到类似情景时的表现，以便我们能顺利达成自己的预期。

我认为，对于过去时区的深度思考，完全可以快速进行，不必浪费太多时间。当然，这也要根据此段经历的重要性来决定，如果你觉得有必要，就可以在这一过程上多花一些时间。

你可以单独完成这一练习，也可以和别人一起来完成。当你自己独立完成时，我们通常把这一过程称作"自内反思"。这样的深度思考，通常会以文字、思维结构、冥想、诗歌或图画的形式进行。如果你是和他人共同完成这一过程的，那么我们通常会把它称作"人际反思"，大多以对话和其他思想交流的方式进行开来。

在第五章，我将用一个案例帮你了解这一思考模式的实际应用。

当下时区：EDGE-it 思考模式应用于"正在发生的事件"

不知道你是否认识"esprit d'escalier"这个法语词汇，其意思是"阶梯式思维"。也许你刚刚在会议上发表了不当的言论；也许你刚刚按下了邮件的发送键；也许你刚刚挂了一通重要的电话……此时此刻，你心中有着强烈的失望感，或是一种不满意自己刚才做法的心情。但是，你意识到，你可以说些什么或写些什么来改变这些失误。EDGE-it 思考模式恰好能够帮助你减少这种"事后后悔"的概率。

要想解决这一问题，专注是一个很常用的方法。这意味着你必须将自己的意识全都集中在当下。通常来说，冥想练习能够帮助你开发自己的专注意识。

有很多证据都能证明这一点，通过练习，你的大脑结构会发生改变，而随着练习的增加，你的大脑就能更轻易地进入冥想状态。

练习开发大脑和锻炼身体是一样的道理。好比说你去健身房锻炼身体，使肌肉群得到了开发。那么现在你通过锻炼大脑，不就也能使思维力得到开发吗？

如果你想在事件发生的当下展开深度思考，那么你的思考进程就一定要快，你需要在几秒之内就完成一个阶段思考。如果你是一个思维敏捷的人，那么这种方法对于你来说还是很有意义的。

未来时区：EDGE-it 思考模式应用于"事件发生前"

从一个不太被学术性研究所接受的角度来看，EDGE-it 思考模式其实还能应用于你期望发生但还未发生的事情上。当这样的应用与你为自己设定的目标联系起来的时候，其效力往往会发挥得淋漓尽致。

将心中所想的经历形象化地表达出来,是我们开始在未来时区应用思考模式的第一步。

你要把你期望发生在未来的事情描述得好像发生在现在一样。与此同时,这样的描述看起来又像是"已经发生的",因为这件事在你的期望中已经发生并有了结果。这是一种假装"身处未来"去"经历"预期目标的成果。

其实,无论你在什么时区,什么情境下使用EDGE-it思考模式都没有关系——这一模式既可以在事件发生后使用,又可以在事件发生的当下使用,还可以在还没发生的事件中使用。

在本书接下来的几章中,你将会明白:无论在什么样的情境下,深度思考的某些环节大都很相似。

本章要点

EDGE-it思考模式总共分为五个阶段：

总结经验——深度观察自身的经验。

深思熟虑——对经历的意义进行深入理解。

泛化选择——给接下来的行动创造更多的选择。

采取行动——评估所有选择，并选出需要去做的事。

循环往复——以某种方式循环往复。

EDGE-it思考模式能够三个时区中任意使用：

在事件发生之后使用，在现在时刻使用，以及面向未来，未雨绸缪。在三个时区的使用规律大体相似，仅在各个时区内略有不同。

你的章后总结：

_____

_____

_____

_____

_____

卷三

EDGE-it思考模式在三个时区的应用

把时间用在思考上是最能节省时间的事情。

——卡曾斯

深度思考：让所有事情都能正确入手

第五章　EDGE-it思考模式在过去时区的应用

　　生活由一系列的经历组成，每一段经历都会让我们变得更强大，尽管有时我们很难意识到这样的变化。

——亨利·福特

　　现在，你已经下定决心要把EDGE-it思考模式应用于过去时区——事件发生之后了吧。也许是已经发生的，对你而言很重要的事情；也许是你最近经历过的，但没有达到预期的事情；也许是你觉得对未来有着特殊意义的过往经历。

　　倘若如此，请在下面的空白表上写下你的回答。

我要用EDGE-it思考模式来分析的经历：
_____
_____
_____

> 我选择写下这一经历是因为：
> _____
> _____
> _____
> 我希望EDGE-it思考模式能够给未来带来以下成果：
> _____
> _____
> _____

现在，你已经选好了你要分析的经历，那就按照顺序依次进行吧。完成书中的辅助练习，将对你的分析有所助益。也请记得，本章结尾处的工作手册将会帮助你在其他情境下更好地应用EDGE-it思考模式。

第一阶段"E"——总结经验

在第一阶段，你需要努力回忆自己的某段经历，并把所有与这段经历有关的事件和当时的感受都写在纸上，尽可能完整地描述出来。

你完全不必去了解事件本身的意义，只需把它当作历史记录下来。多花一些时间，尽量补充与事件有关的细节。

同时，你还要回想当时的感受。既要有情感上的感受（情绪），也要有身体上的感受（生理感官）。

当你把与这段经历相关的事件和感受都写下来后,再问自己几个引导性的问题,并做出回答。你可以问自己:"还有哪些落下的?"

看到了什么和听到了什么?

接下来,把你的注意力集中在三件事上:你当时听到和看到了什么?你当时做了什么?你当时感觉到了什么?利用这些引导性问题和对应的模板来帮助你回忆过往经历。

表 5-1　事实与感受分析表

收集事实和感受	自身角度	他人角度
看到了什么? 听到了什么?	我当时说了什么? 我当时听到别人说了什么? 当时发生这次经历的具体情境是什么?	当时有谁在场? 他们说了什么? 他们应该听见我说了什么?

续表

做了什么？	我当时做了些什么？ 我当时有怎样的反应？	别人当时做了些什么？ 别人当时有什么反应？
感觉到了什么？	我当时有什么样的感受，情绪是怎样的？ 当时的经历对我来说有多熟悉，让我想起了什么？ 我的身体当时有什么感觉？	别人当时用什么样的语气说话？ 别人当时如何看待我的状况？

不同的视角

请记住，你对过往经历的总结，绝非写几句话（几句描述）那么简单。你还要从不同的视角收集信息，以此来加深理解。

这里有两种方法，一是借鉴别人，二是情景假设。

如果你喜欢借鉴别人，就得好好考虑一下有哪些人能给你提供建设性意见。

也许是与你经历过同一件事的人，你可以向他请教他对这件事的看法以及他当时的感受。也许是与你有过相似经历的人，你可以向他咨询他是如何处理的。也许是对你这段经历有所了解的人，你可以向他询问，换作是他，他会怎么做。

视角生成

如果你喜欢用情景假设的方式来收集信息,那么从现在开始,想象一下其他人会如何描述这段经历。

你既可以参照身边的熟人,也可以参照听说过但从没接触过的人,甚至可以参照虚构的人。总之,世界上各个层面的人你都可以参照。你的清单可能包括以下这些人:

一直以来,你最喜欢的某位经理。

一直以来,你最不喜欢的某位经理。

史蒂夫·乔布斯(苹果公司创始人)

马克·扎克伯格(Facebook创始人兼首席执行官)

超人(美国漫画人物)

哈利·波特(魔幻系列小说《哈利·波特》中的主人公)

你的父母

你的兄弟姐妹

你的好友

你的同事

你还能列出哪些对你有影响的人物呢?

选取这些人物的目的,是为了让你综合分析这段经历的外因和内因。分析不同人物面对这段经历时的看法,有助于你打开自己的思维,丰富自己的体验。

选出几个你认为重要的人物,写下你认为他们在面对你的这段经历时会有什么样的看法。

表 5-2　用情景假设的方法分析个人经历

某位人物（真实或虚构）	他/她的观点

第二阶段"D"——深思熟虑

在第二阶段，你需要注重的是从经历中发掘出其意义，同时还要注重从经历中学到的经验。从经历中获取经验是人类进步的重要推动力，也是个人以及人类社会发展的核心动力。

有一些方法能够帮助我们实现深思熟虑阶段的目标，下面我们来看看其中几个方法。

自我深思写作

第一种方法是自我深思写作，这是一种能够独立完成的深度思考的方式。考量自己的经历，并把你能想到的东西都写下来。知道自己要考量哪些东西，这也是引导性问题的用武之地。

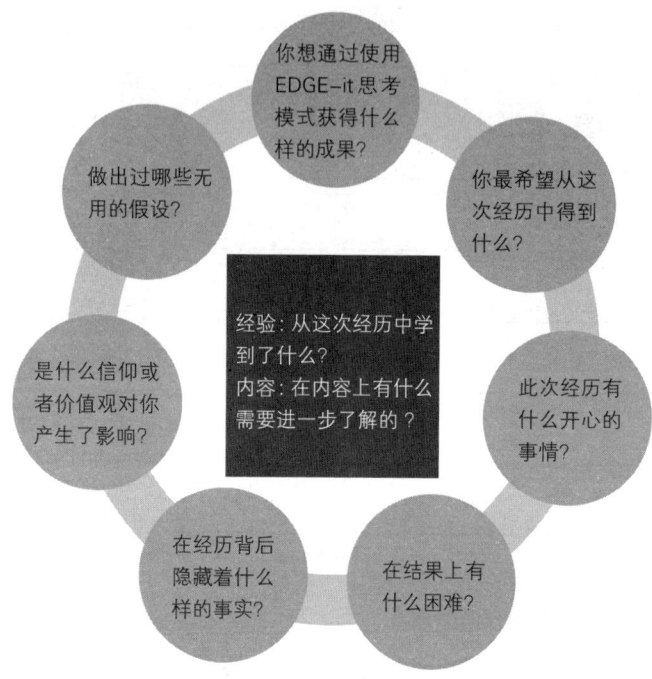

图 5-1 经验/内容问题引导环形图

在这一阶段,你要确保提出的问题是与事物经验相关的。你可以从任意一个问题开始,不必在意问题的顺序。这些问题只是为你列出几个例子而已,其本身与深度思考无关,目的是引发你的思考。

这些问题有两个核心关注点,就是上图中间的那两个问题。通过这些问题,对你的经历深入地分析,尽自己所能去深入思考。

人际深思写作

人际之间的深度思考是发生在两个人或更多人之间的一种思考模

式。在这种情况下,你需要就某一项经历和对方展开对话。

在某种程度上,你可能已经在这样做了。这样的做法也可以称为行动后的审阅,成功的关键在于你要确定自己正在思考正确的事情。

同时,在这一阶段,对于经历的深思和你自身意识的深入可谓至关重要。因此,和其他人之间的交流能够很好地帮助你实现这一点。

表 5-3　人际深思记录表

和他人交流或反思	从他人那里获得的视角

除了要动笔写和找人交流外,我们还可以用其他方法对自己的经历进行深思。在此,你既可以独立完成,也可以同别人共同完成。

画图深思

我们还可以使用另外一种可能起作用的方式,即画图。画图能力反映出与写作能力不同的大脑反射区,或许能为你带来新的思考视角,增强你对于此次经历的认识。

你可以花点时间尝试一下这种方法。现在回头想想,你在第一阶段使用EDGE-it思考模式分析过的经历,然后画出你脑海中的经历。

请不要把这样的画图当作艺术创作,它只是一种你没有那么熟悉,但又能加深你印象的方法。你可以随意使用手边的颜料,也完全不必在意画风,现实派或印象派全凭你个人的喜好。

不要考虑太多,直接提笔勾画。完全随心意而动,这能够帮助你开发自己大脑中不常使用的部分。

画完之后,整体观察一下你所画的图像,物体的相对大小,线条粗细的不同,还有画中物体的相对位置。这幅画给你带来什么样的感受?这幅画让你想起了什么?

_____
_____
_____
_____
_____

当然,你也可以让别人来看看这幅画(你得敢于献丑),向他们询问从这幅画中看到了什么。你能否听出他们在说什么,以及你能否理解他们话里的意思?

案例分析：

朵拉与公司的一位经理交流起来比较困难。在上过我的企业培训课之后，她决定用画图的方法来描述自己和这位经理之间的关系。

用一张A4纸和一支笔，仅仅花了30秒，她就画出了一幅图：

图 5-2　朵拉画出的自己和经理的关系图

朵拉注意到画中的自己根本没有耳朵，而且画中经理的个头儿也比自己大得多。

在对这幅画的简要讨论阶段，朵拉意识到，她应该在日常工作中更加认真地聆听经理所说的话，同时也应该宣告自己的个人权力。

朵拉表示，在画图之前，如果从以往的经历来看，她一定不会再有自己的个人权力了。这幅画帮她把自己的现状看得更加清晰了，也让她明白，她应该尽可能地从职权关系的角度来听取经理对她作出的所有评价。

诗歌或引文

还有一种可能是,用诗歌或引文的方式对自己的经历进行深思。在此再次强调,你要提醒自己对这次经历有个整体的了解。

花一分钟来回忆与经历相关的细节,然后用诗歌或引文来实现这一目标。这种本质上的转变,能让你以另外一种迂回的方式思考问题。

现在请你阅读下面几首诗歌,选出其中一首,看看自己能从这些文字中感受到什么。

如果
约瑟夫·鲁德亚德·吉卜林

如果在众人六神无主之时,
你能镇定自若而不是人云亦云;
如果被众人猜忌怀疑之时,
你能自信如常而不去妄加辩论;
如果你有梦想,又能不迷失自我;
如果你有神思,又不至于走火入魔;
如果你在成功之中能不忘形于色,
而在灾难之后也勇于咀嚼苦果;
如果你看到自己追求的美好破灭为一摊零碎的瓦砾,
也不说放弃;
如果你辛苦劳作,已是功成名就,

为了新目标仍然冒险一搏,
哪怕功名成乌有;
如果你跟村夫交谈而不变谦恭之态,
和王侯散步而不露谄媚之颜;
如果他人的意志左右不了你,
如果你与任何人为伍都能卓然独立;
如果昏惑的骚扰动摇不了你的信念,
你能等自己平心静气再作应对——
那么,你的修养就会如天地般博大,
而你,就是个真正的男子汉了,我的儿子!

论孩子(节选)
纪伯伦

你们的孩子,都不是你们的孩子,
乃是"生命"为自己所渴望的儿女。
他们是借你们而来,却不是从你们而来,
他们虽和你们同在,却不属于你们。
你们可以给他们以爱,却不可给他们以思想,
因为他们有自己的思想。
你们可以荫庇他们的身体,却不能荫庇他们的灵魂,
因为他们的灵魂,是住在"明日"的宅中,

那是你们在梦中也不能想见的。
你们可以努力去模仿他们,却不能使他们来像你们,
因为生命是不倒行的,也不与"昨日"一同停留。
你们是弓,你们的孩子是从弦上发出的生命的箭矢。
那射者在无穷之中看定了目标,也用神力将你们引满,
使他的箭矢迅疾而遥远地射了出去。
让你们在射者手中的"弯曲"成为喜乐吧;
因为他爱那飞出的箭,也爱了那静止的弓。

未选择的路
罗伯特·弗罗斯特

黄色的树林里分出两条路,
可惜我不能同时去涉足,
我在那路口久久伫立,
我向着一条路极目望去,
直到它消失在丛林深处。
但我选择了另外一条路,
它荒草萋萋,十分幽寂,
显得更诱人、更美丽;
虽然在这两条小路上,
很少留下旅人的足迹。

那天清晨落叶满地,
两条路都未经脚印污染。
啊,留下一条路等改日再见!
但我知道路径延绵无尽头,
恐怕我难以再回返。
也许多少年后在某个地方,
我将轻生叹息将往事回顾。
一片树林里分出两条路——
而我选择了人迹更少的一条,
从此决定了我一生的道路。

有一片田野
鲁米

有一片田野,
它位于
是非对错的界域之外。
我在那里等你。
当灵魂躺卧在那片青草地上时,
世界的丰盛,远超出能言的范围。
观念、言语,甚至像"你我"这样的语句,
都变得毫无意义可言。

在下面的表格中填入你对这些文字的想法和感受。

表 5-4　阅读文字时产生的想法或感受记录表 1

你选择的诗歌	阅读这些文字时产生的想法或感受

对你从上面文字中获得的想法和感受进行深度思考，并借用下面的表格拓展你的思考。再仔细想想，这些思考和你的那次经历之间有什么样的联系。

表 5-5　阅读文字时产生的想法或感受记录表 2

阅读这些文字时产生的想法或感触	你选择的诗歌
（作为上面所述过程的第一步）	

案例分析：

桑杰最近刚刚从区域经理的岗位调到了市场经理的岗位。他收到一些反馈：由于他已经处在了主要董事的岗位上，因此，他需要在新的岗位上发挥更多的领导作用和决策作用。

他坚信自己目前正处于转型阶段，这一阶段对他之后在工作上取得成就至关重要。

为此，他不得不改变自己的个体性格，但他并不想这样做。

某天，在一次领导力培训课上，我决定用诗歌的方式了解他内心的矛盾所在。

在搜索诗歌的过程中，桑杰瞬间就被纪伯伦的《论孩子》吸引住了。他从这首诗中获得了一种强烈的感触。当他把自己带入到诗歌中父亲的身份时，就能发挥出强大的决策力和领导力。

他觉得，正是父亲的责任感促使他挖掘出了自己的潜能。认识到这一关键点后，他决定将其应用到自己的新职务上。

两个关键问题

前文提到的那些方法对我们都很有价值。深思熟虑的过程，并不是一个线性思维的过程，它最大的作用是，让我们摆脱以追求逻辑和结果为导向的做事方式，进而加深我们的思考。

举例说明，你可能早就知道"思维导图"的概念，它是由人类大脑潜能与学习法研究专家托尼·布赞提出的，主要用于心理测试。它包含图表、文字、颜色、图像等多种要素，能帮我们将头脑中的想法具体化到纸面上,进而更清晰地泛化我们的思维。

学习深思熟虑的思维步骤,就是让你的大脑做它该做的工作。你可以使用一切对自己有所帮助的方式——诗歌、绘画、引导性问题、思维导图等,最终从自己的经历中总结出意义。

在深思熟虑阶段,谨记以下两个关键问题:

1.学习:我能从这段经历中学到什么?

2.外延:从外部的层面来看,关于这一经历我还需要做些什么?

在应用EDGE-it思考模式的过程中,请思考这两个问题,把你的答案写在下面。

学习:我能从这段经历中学到什么?
_____
_____
_____
外延:从外部的层面来看,关于这一经历我还需要做些什么?
_____
_____
_____

第三阶段"G"——泛化选择

经过前面两个阶段，现在你已经掌握了与这次经历有关的事实，并对此有了自己的感受。下面，我们就进入泛化选择的阶段。

若想创造性地解决问题，绝大多数智者会建议我们，先泛化出大量可供选择的方案。由此看来，我们在这一阶段的最终目标是，为接下来要采取的行动泛化出更多的选择方案。

然而，现实并不乐观，在商业世界中，大多数人经常采用"非此即彼"的方式来解决问题，以至于严重降低了发现最适配的行动方案的概率。

可以做还是应当做

在这一阶段，关键问题之一是：你可以采取哪些不同的做法？你不妨将这个问题继续引申：你应当采取哪些不同的做法？

这两个问题表面上看似相近，但实际上差异很大。从心理学上来讲，以"应当"为主体的问题对我们的思维毫无帮助。举例如下：

"应当"式思维通常源自社会的压力或者对他人的主观臆断，并非源自内心对解决问题的渴望。

"应当"式思维还来自我们自身和他人的对比中，这样的对比对我们学习经验来说毫无益处，反倒会让我们感到自卑。

"应当"式思维会引发焦虑和担忧的情绪，因为我们在思考"应当"做什么时，已经对自己做得不够的地方产生了一定的质疑。

相比较之下，"可以"式思维就积极多了，也能泛化出比"应当"

式思维更多的选择。你可以尝试用"可以"这个词去替代那些原本使用"应当"的句子,然后你会发现,替换后的句子能让你的心态变得更加开放、自由。

我们的目的是培养一种积极且富有创造性的学习方式。因此,请记住,就算你真想把责任推到某人身上,这个人也只能是你自己。

你可能对于泛化选择的其中一种模式十分了解,即头脑风暴。这是泛化概念的本源方法之一 ——头脑风暴指的是一种没有评估和检测过程的泛化方法。

除此之外,你还知道其他泛化选择的方法吗?

随机选词

随意选择一本书,无关书的体裁,不论是小说,还是纪实文学、工具书、诗歌集等都没有关系。然后翻开这本书,随手一指,找到一个词语。以这个词语为基础,看看你能通过它找到哪些相关的联系和观点。

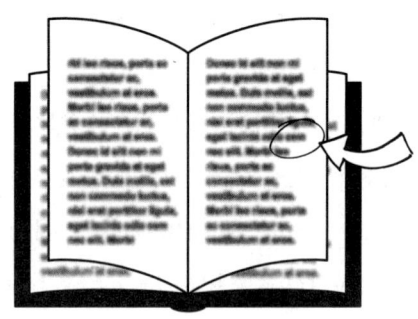

图 5-3 随机选词

我的一位学员，她在思考如何为一场会议做好全面准备时，就尝试使用了这一技巧。她在书中随机点到的词是"垄断"。然后，她就以"垄断"这个词为出发点，联想到在市场博弈和垄断的不同空间中企业位置的重要性。

通过这样的思考，她意识到，在会议室的某个空间位置上发表自己的演讲是一件非常重要的事情。当然，其他参会人员的座位也十分重要，因为在她演讲期间，每个参会人员对她来说都十分重要——有些人会支持她的观点，而要说服那些不支持她观点的人则要花很大的力气，但即便如此，也要努力去尝试。

就这样，她从一个随机选取的词出发，开发出了一整套完整的市场策略。

水平思考

这一概念是由法国心理学家爱德华·德·波诺提出的，旨在开阔你看待问题的视角，进而提高泛化解决方案的可能性。

在一张大纸上画一个方格，在方格中写下你想解决的问题。在方格右侧画几个独立的椭圆，在椭圆内写下你认为可行的解决方案。

我们来举个简单的例子：

你想要解决的问题：维持工作和生活之间的平衡。

你认为可能的解决方案有三个，分别是缩短工作时间，每6周过一次大周末，每周在家工作一天。

那么，你画出的图像可能如下所示：

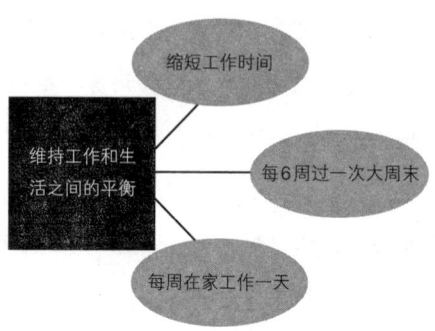

图 5-4　水平思考第一步

如果这样的思考图像并没有让你找到你想要的解决方案,那么你可以继续思考,在原有问题上插入一个新问题,并与之前的问题相结合,于是形成了以下图像:

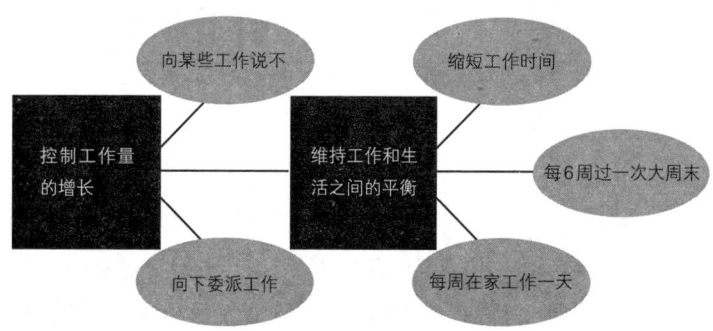

图 5-5　水平思考第二步

如果这样的方法依旧不能给你想要的答案,那么你可以继续向左推进一次,思考在工作量之前出现的事务。

工作量的增长,从本身看来可能是一件好事,但对你个人来说并非如此。"向某些工作说不"或者"向下委派工作"可能会在一定程度上帮你改善这一问题,但并不能从源头上将之彻底解决。

问题更深层的原因很可能是"配比供需",那么我们就得到了如下图像:

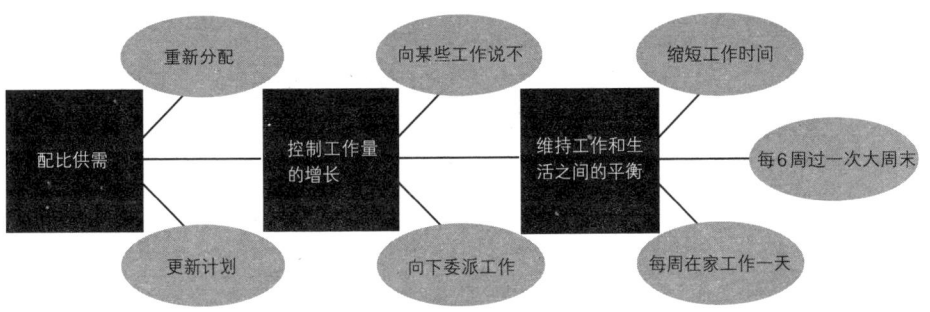

图 5-6　水平思考第三步

现在,你会看到自己已经有了很多不同的选择,它们可能会从根本上解决你的问题。

无论在何种情况下,无论你使用何种方法,创造性地思考问题都意味着你会拥有大量可行的方案。要想实现这一点,你必须抛掉内心对问题的评估和批判。每一次当你的内心响起评判的声音时,请你对自己这样说:"谢谢你的提醒,但现在请勿多言。"

在这一阶段,你必须肯定自己泛化出的所有选择,这样你才能包容更多的选择方案。当你觉得自己已经完成泛化选择的操作时,可以再回头问问自己还有其他选择吗?然后,尽量列出比你之前预想中更多的选择方案。我建议,至少列出30个不同的方案作为目标,而且千万不要以为这只是一个数字。你心里要时刻谨记这个问题:如果我什么都不做,会发生什么事?

数量大于质量

请在下面的表格中列出你总结的所有能应用于EDGE-it思考模式泛化选择阶段的方案：

表5-6 能够实现预期目标的方案记录表

能够实现预期目标的方案			
1		16	
2		17、	
3		18	
4		19	
5		20	
6		21	
7		22	
8		23	
9		24	
10		25	
11		26	
12		27	
13		28	
14		29	
15		30	

分析和评估

这些方案也许都是可行的,但你要如何选择呢?你的依据又是什么呢?下面,我来为你提供一些参考:

○ 成本与获利

○ 正论与反论

○ 听天由命

○ 跟随内心的声音

○ 跟着感觉走

○ 听妈妈的话

○ 抗争与忍耐

这些参考没有孰优孰劣之分,无论如何,你都无法预知用哪个方案会更好。你唯一能确定的事情是,一旦选择了,就必须把它做好。

但我要提醒你一点,不管你当前做出什么样的决定,都要遵循自己的意愿,并满足自己的价值需求。

你可以先试一个与自己的想法最贴近的方案。如果觉得不满意,再去试下一个。

与此同时,请你在心中自问:为了做出最终的决定,我需要了解哪些信息?有了这些信息的帮助之后,我的选择会是什么?

第四阶段"E"——采取行动

当你从泛化出的选择中找到你喜欢的方案后,接下来就要进入 EDGE-it 思考模式最关键的阶段——采取行动。

下面是一个能够帮助你把自己的选择转变为行动的小工具:

表 5-7 难易程度 / 作用效果评估表

执行相对简单	左上方的格子代表着一种快速但效果有限的行动方案,右下方代表着一种速度相对较慢但效果显著的方案。当然,你也可以尝试去寻找兼具两种特性的方案。余下的两格就完全是我们个人的选择问题了。 2/3	很明显,这样的方法既能让你用更简单的方法实现你的目标,又能对你今后的发展产生深远影响。 1
执行相对困难	4 可以把这一格所代表的选择放到后面考虑。因为这些选择实施起来相对比较困难,对最终目标产生的影响也相对较低。	2/3 左上方的格子代表着一种快速但效果有限的行动方案,右下方代表着一种速度相对较慢但效果显著的方案。当然,你也可以尝试去寻找兼具两种特性的方案。余下的两格就完全是我们个人选择的问题了。
	实现目标的可能性较低	实现目标的可能性较高

把摆在你面前的选择,分成执行相对简单和执行相对困难两大类型。这是评估过程中的第一步——分类。然后,将图表中的水平线当作分界,把执行相对简单的方案放在水平线上方,把执行相对困难的方案放在水平线下方。

完成了第一步分类后,你需要对备选方案进行整理。首先把所有执行相对简单的方案放在一起,根据各个方案对于实现最终目标的影响效果,对其进行再次分类。

在左侧方格内填入实现目标的可能性较低的方案,在右侧方格内填入实现目标的可能性较高的方案。完成之后,你就得到了最终表格的上半部分。

表5-8 难易程度/作用效果评估表上半部分

执行相对简单		
	实现目标的可能性较低	实现目标的可能性较高

下面,你需要整理水平线下方的表格内容,即对执行相对困难的方案进行评估。在左侧方格内填入实现目标的可能性较低的方案,在右侧方格内填入实现目标的可能性较高的方案。完成后,你就得到了最终表格的下半部分。

表5-9 难易程度/作用效果评估表下半部分

执行相对困难		
	实现目标的可能性较低	实现目标的可能性较高

现在，你已经把所有备选方案都放到了一个均分为四份的表格之中（你可以在选择的过程中，把每个方案都写在一张便利贴上，以便你在思考的过程中调整不同方案在表格中的位置）。

无论如何，只要你把所有的备选方案都按照上面的方式分好了类别，接下来要做什么也就不难确定了。但是，你一定得先确认自己已经踏出这第一步，并且在心中十分明确自己的最终目标。

你可以这样问自己："我选择要做的事情真的能让我离自己的目标更近吗？"

将目前关于自己的所有备选方案分析好之后，你就可以做出最终选择了。此次选择出来的方案就是你要付诸行动的方案，而采取行动的最佳方案也正是你觉得遵循自己意愿的那个方案。

隐藏的方面

如果你想测试自己的决心够不够坚定，一个重要的手段就是探究隐藏在方案背后的一面。当你对某些事物说"是"的时候，就意味着你正在对另一些事物说"否"；当你对某些事物说"否"的时候，也就表明你在对另一些事物说"是"。

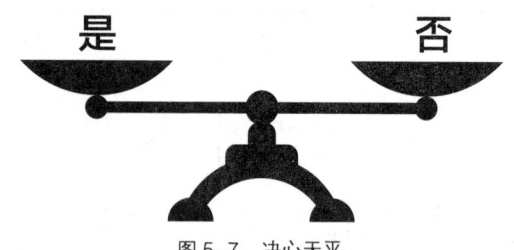

图 5-7　决心天平

案例分析

杰瑟普曾经很想把自己的财务状况整理清楚,而他之前只是整理了自己想整理的那部分。因此,他决定重新审视当前的财务状况。

他持赞成态度的事项有:
○ 面对坏消息的风险
○ 在解决财务问题上所要花费的时间
○ 提高自身的财务意识
○ 对于金钱的深刻认识

他持反对态度的事项有:
○ 个人财务的不确定性
○ 对于财务整理能力的缺乏
○ 制定一成不变的财务决策
○ 他对合作伙伴的"冷战"心怀不满
○ 居安忘忧的财务状况

当他认真分析了以上所有问题后,发现目前最需要解决的是自己与合作伙伴之间的"冷战"。

于是,他决定把这个问题放在首位去解决。他认为,只要自己与合作伙伴展开必要的交流对话,他们就会有更多的空间来审视彼此的财务状况。

此刻,请你也来试试这种方法。重新审视一下你正在考虑的行动方案,把注意力集中在你要对它说"是"或说"否"的事情上,然后做出你的选择。

表 5-10　行动方案评定表

考虑范围内的行动方案	这里的"是"所代表的含义	这里的"否"所代表的含义

你可以用下面这张"决心等级表"来检测你对于采取以上各个方案的决心分别是多少。

表 5-11　决心等级表

在"决心等级表"中,对于采取各个方案的决心等级分别是从1到10。1等级表示"我可以这么做,但很可能不会采取这个方案";10等级表示"我一定会这么做,而且会立刻行动起来。"

你的决心到底有多大呢?如果你选择的方案没有达到第10等级,那就表明它不是最优方案。这时你就需要回过头来,再次审视自己的选择。

也许你的行动是对的,但见效过于长远。这时你就需要把自己的方案由大化小,变成一个个小步骤和小计划,小到你能对其报以第10等级的决心为止。

与此同时,你还要给自己设定一个截止日期,告诉自己"什么时候做完"。一旦做了,就要下定决心。

> 我决定采取的行动:
> _____
> _____
> _____
> _____

现在,你来到了"it"(Iterate)——循环往复的阶段

在循环往复的阶段,你要把EDGE-it思考模式应用到过去已经发生的事情上去。

E-总结经验:对已经发生的事情开展事实和情感上的探索。

D-深思熟虑:深化意识,对已发生的事物展开深入了解,从中学习经验。

G-泛化选择:从过去的经历中发掘出确实值得学习的经验,为下一步泛化出更多的选择。

E-采取行动:评估分析现有的备选方案以及个人的决心等级,做出选择,采取行动。

依次结束了上面的各个步骤后,就到了我们要循环往复的时候了。思考过往的经历对我们到底有多重要,探究我们到底该如何从上面的思考模式中总结经验,了解采取行动对我们自身有什么意义。

把EGDE的环形思考模式再次循环，检查自己是否有遗漏的地方。用一种稍有区别的"高处视角"重新审视自己做过的一切事情，看看自己当时采取了什么样的模式？再看看是什么东西阻碍了你从经历中学习经验？

接下来，你还要第二次应用循环回顾模式。这一次，与其把焦点放到深度思考的整个过程上，不如把焦点放到对经历内容的关注上。当然，你也可以把EDGE-it思考模式应用到与深度思考相关的经历上：

E：总结你当时应用EDGE-it思考模式所积累下的经验。关注当时发生了什么事？具体是什么情况？引发了你怎样的思考和感觉？

D：在哪些阶段应用EDGE-it思考模式是比较困难的？又有哪些方面比较容易？你是如何理解这些差距的？你希望从应用EDGE-it思考模式中学习到哪些经验？

G：你要怎么做才能学习到经验呢？你要怎么做才能在下一次把EDGE-it思考模式应用得更好呢？

E：你要选择哪一种方案，才能在下次应用EDGE-it思考模式时达到更好的效果呢？下一次应用这一模式时你会采取什么样的行动呢？你会在何时采取行动呢？此刻你准备做些什么呢？直到下次再应用此模式时，你要做的又有哪些方面呢？

_____

_____

_____

_____

最后，你要肯定自己采取的行动。如果你发现自己有所迟疑，那么就请你回到深思熟虑和采取行动的阶段重新思考。

再次想想你列出的所有备选方案。看看到底是什么因素阻碍了你实施自己的方案？再看看还有哪些方案能帮你下定第10等级的决心？这样的方案相比你之前选择的方案又有哪些优势呢？

很好，现在你已经从这次经历中学到了一些经验，而且已经采取了至少一项措施，并成功将EDGE-it思考模式应用到了已发生的事情上。

本章要点

E——总结经验：一定要把自己的眼光放在以下三个不同的层面上：大脑认知、心理情感和身体感官。

D——深思熟虑：尽自己所能从经历中汲取意义。

G——泛化选择：要记住，这一步的重点是要量化而不是质化。

E——采取行动：找到一个能够让你下定决心并坚持去做的方案。

it——循环往复：要么寻找自己在之前的过程中缺失了什么，要把焦点放在应用EDGE-it思考模式的过程之上。

你的章后总结：

_____
_____
_____
_____
_____

事件发生后的EDGE-it思考模式使用手册

请在下面的空白表中写下你想应用EDGE-it思考模式去分析的过去发生的某一事件或某一情景。

_____
_____
_____
_____

总结经验

本阶段思考模式的目标是，描述自身已有的相关经历。在这一阶段，你要努力收集所有和已经发生的事件相关的信息。

花些时间尽己所能去回忆那次经历。在下面的表格中填入你所能回忆起来的所有相关信息。当你完成这项任务后，请按照表格中的问题向自己提问，看看还有什么遗漏之处。

表 5-12　事实与感受分析记录表

收集事实和感受	自身角度	他人角度
看到了什么？ 听到了什么？		
做了什么？		
感觉到了什么？		

你可以选出几个你认为重要的人物（身边的熟人、听说过但从没接触过的人、虚构人物），写下你认为他们在面对你的这段经历时会有什么样的看法。这有助于你打开自己的思维，丰富自己的体验。

同表 5-2　用情景假设的方法分析个人经历

某位人物（真实或虚构）	他/她的观点

深思熟虑

本阶段旨在从经历中汲取意义。你需要挑战自己的理解极限，深入探究自己的相关经验，拓宽自己的眼界。

你可以从流程中的任意一个步骤开始，把相关问题按任意顺序依次考虑。但提出问题本身并不能作为整体流程中的一个部分，只能作为激发你思考的工具。

在这一过程中，应当把焦点放在 EDGE-it 思考模式回环的两个中心位置上。不断加深你对自己经历的思考，尽己所能地深入思考。

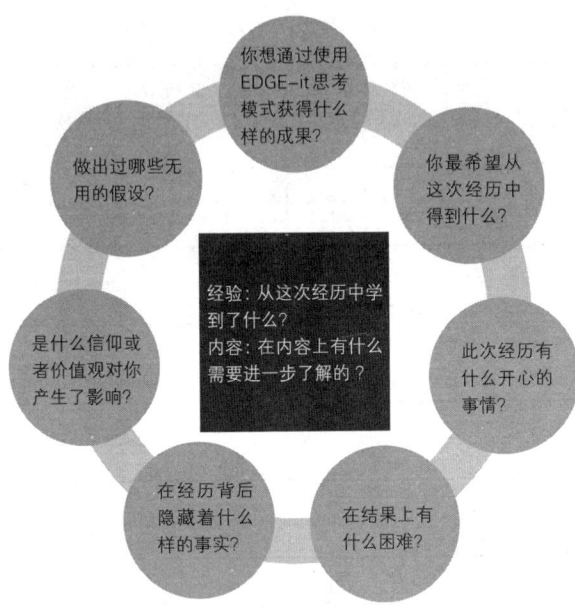

同图 5-1 经验/内容问题引导环形图

从某种意义上说,人际深思可能会对这一步骤有所帮助,即不断与他人交流能够加深自己的思考。

同表 5-3 人际深思记录表

与他人交流或反思	从他人那里获得的视角

想一想,图画能给你带来哪些灵感?

_____
_____
_____
_____

或者使用诗歌。

同表5-4 阅读文字时产生的想法或感受记录表1

你选择的诗歌	阅读这些文字时产生的想法或感触

同表5-5 阅读文字时产生的想法或感受记录表2

阅读这些文字时产生的想法或感触	你选择的诗歌
(作为上面所述过程的第一步)	

当你完成上面的练习后,请你回答下面两个问题:

> 学习:我能够从这段经历中学到什么?
>
> _____
>
> _____
>
> 外延:从外部的层面来看,关于这一经历我还需要做些什么?
>
> _____
>
> _____
>
> _____

泛化选择

表 5-13 预期目标记录表

预期目标	
经验学习方面	
内容学习方面	

在这一阶段,我们的目标是,泛化出可供我们选择的方案——即我们下一步即将进行的选择。但是,请不要对任何方案进行评估,尽可能地自由发挥,自我创造。

有些人会被"要么这/要么那"的思维模式限制住自己的思考,以至于减少找到最佳方案的机会。无论你将备选方案扩大到了怎样的地步,都请你尽可能地让自己拥有更多的选择。

请你不断地问自己:还有哪些选择?

同表 5-6　能够实现预期目标的方案记录表

能够实现预期目标的方案			
1		11	
2		12	
3		13	
4		14	
5		15	
6		16	
7		17	
8		18	
9		19	
10		20	

续表

21		26	
22		27	
23		28	
24		29	
25		30	

采取行动

在这一阶段,你必须分析和评估自己在上一阶段泛化出的备选方案。你可以按照下面的步骤来做:

表 5-14 难易程度/作用效果评估记录表

	实现目标的可能性较低	实现目标的可能性较高
执行相对简单		
执行相对困难		

首先，将泛化出的所有备选方案分好类，放入上面的表格中。并进行以下思考：

你通过什么样的假设来把相关的备选方案填到上面的表格中？如何才能知道自己的假设是否正确？其他备选方案还有没有正确的？

其次，做出最终选择。你选择出来的方案就是你要付诸行动的方案，而采取行动的最佳方案也正是你觉得遵循自己意愿的那个方案。

最后，测验一下你采取行动的决心等级。我们使用1-10的等级分类，1表示我可以这么做，但很可能不会采取这个方案"，10表示"我一定会这么做。"根据这些等级来评测你采取行动的决心。

同表5-11 决心等级表

| 1 | 2 | 3 | 4 | 5 | 6 | 7 | 8 | 9 | 10 |

我决心要采取的行动：

_____

_____

_____

_____

循环往复

这一阶段的核心是重复和回顾，其使用价值在于其过程本身的深度思考。你可以问自己一些问题，例如：
- 在反思的过程中你注意到了什么？
- 在这一过程中你错过了什么？
- 你当时关注的焦点是什么？
- 整体过程中最困难的部分是哪些？
- 相对容易一些的部分有哪些？
- 你参与度最高的是哪个部分？
- 下一次你想要做出哪些改变？
- 你需要为这些改变做些什么？
- 往后再遇到类似的情况你会怎么做？

这一阶段也可以用在实践内容的回溯上。仔细回顾一下自己的工作内容，看看在工作过程中，错过了哪些要点。

当你再次对其做出审视时，能够激发出哪些新的想法。请在相关书页做笔记，或者在本页下方做笔记。

第六章　EDGE-it思考模式在当下时区的应用

聪明的人从愚蠢的问题中学到的东西，比愚笨的人从充满智慧的回答中学到的更多。

——布鲁斯·李

想一想上次你运用EDGE-it思考模式进行学习时的情境，当时的学习成效是否如你所愿？

在这一章，我将和你探讨如何把EDGE-it思考模式应用于当下时区（即正在发生的事件），以及如何在这个过程中获得更多的成效。

首先，你要进行一项自我测验：EDGE-it思考模式到底对你有没有作用和帮助呢？请花一点时间完成下面的表格问卷：

表6-1 当下时区的思维模式测试

	从不	有时	经常	总是
事情结束之后，你才想到最好的解决方案。				
在高压环境下，你弄不清当前的状况。				
你无法准确描述出正在发生的状况。				
与别人交谈时，你很难理解对方的肢体语言。				
别人对你的观点做出反应后，你感到很惊讶。				

在这项测试中，除非你的答案全部是"从不"，否则就可以说明，EGDE-it思考模式确实能帮助改善你做事的结果。

我曾用EDGE-it思考模式给上千名学员进行培训，从他们的表现来看，这一模式确实能帮助每个人成功构建深度思考模式，而且还能帮助他们在不消耗额外时间的前提下，带来即时的提升与改善。

法语中有这样一个词语，在前面的内容中我也曾提及——阶梯式思维。也许你刚刚在会议上发表了不当的言论，也许你刚刚按下了邮件的发送键，也许你刚刚挂了一通重要的电话……总之，原本你并没打算这么做，但思维突然发生了跳转，以至于犯下了错误。

而EDGE-it思考模式在当下时区的应用，恰好能帮你充分理解正在发生的那些事。

回想上次你做错事情时的心理状态，并简要描述：

_____

_____

_____

_____

为什么你当时会突然犯错呢？最可能的原因是，你过于执着于眼前的环境，而从未对正在发生的那件事进行深入思考。

当然，也有可能是出于其他原因，比如：当时你的情绪十分激动；当时在场的某些人跟你有过一些瓜葛，对你产生了影响；当时你陷入了一种无意识状态；当时你的思维模式有些混乱。

无论是什么原因导致你犯下错误，在当时的经历中，你终归是未能做出最优的选择。为此，你事后非常懊悔，希望下次遇到类似经历时能够有所改善。

相比之下，如果在某次经历之中，除了你自己还有其他人也参与其中，那么情况就变得更加复杂了。在这样的情境下，维护彼此间关系的平衡才是避免出现问题的关键。

因此，本项练习的重要之处就在于帮助你了解"经历"的情境，即你在经历中是否时刻处于与他人的交流与学习状态。如果你所经历的情境不只是你一个人，那么下面我给你介绍的几项原则完全不需要再做修改，可以直接拿来使用。

第一阶段"E"——总结经验

在上一章中，我们把注意力放在了收集过去已经发生的事实和个人情感数据之上。

在本章中，我更想了解的是，你在当下这个明显没有那么多反思时间的区段里会如何应用EDGE-it思考模式。

状态

在这一时间区段内，你需要考虑的第一件事是，如何让自己保持一种恰当的状态，以便在第一时间就能看透当下事件的发生过程。

"状态"这一概念是从神经语言编程领域中借用而来的，指代某种极具能量与活力的"事物情状"，或者我们在某一时间段中的生理和心理反应。也就是说,你在当时有什么样的情绪,什么样的感受?

举一些可以称之为"状态"的例子:自信、快乐、悲伤、冷静、激愤等,还有很多。

学会管理好自己的状态,能够让你在多种情况下达到自己想要的结果。在当下时刻,在你正在经历的事件之中,你到底处于一种什么样的状态呢?

请阅读以下问题,并在空白表中写下你的想法。

如果因为交通问题而导致会见或参加会议时迟到或晚到,那么,在进入会场之前,能够保持自己头脑冷静清醒的作用有多大呢?

如果你难以说服团队成员按照你的安排做事,那么为了维持你们之间的关系,保持一种积极乐观的状态该有多大作用呢?

_____
_____
_____
_____
_____

列举这两个问题,是为了让你学会充分了解自己目前所处的状态。当然,你完全可以给自己设计一些更宽泛、更合适的问题,以便更精准地了解自己的状态。

尽管你已经处在一段经历的中间时刻,但是你要怎么做才能让自己达到最佳状态呢?

下面,我就向你介绍一种非常有用的方法,即使用神经语言程序学(Neuro-Linguistic Programming)构建"状态锚"。

状态锚

准确定义你期望的情绪状态。这一步十分关键。

举例说明,冷静和好奇的情绪就是你使用NLP状态锚具体定义出的。把焦点放在自己不想要的情绪状态上,对你本人并不会有太大的帮助,即便你清楚地知道自己并不想要紧张、焦虑的情绪,但也未必知道自己真正想要的情绪是什么?

现在,回忆一下你上次想要的情绪是什么。尽可能回忆出你上次产生这种情绪时的具体时间节点,并建立一个想象情绪——不妨将自己置换到过去的某段经历中,并假装它就在此刻发生。

观察你所看到的,聆听你所听到的,体会你所感受到的,并将所有的感觉串连到此时此刻。

感知你的情绪峰值和最小值,并重复这一步骤。这一次,当你的情绪达到峰值时,动动你的手指,做一个手势,比如握紧你的左拳,低声对自己说"快看……"就像某人沉着冷静地向你展示一件妙物一样。体验一下这种情绪,然后卸下生理和心理上的双重状态锚,再换别的事物进行想象,并且换一个别的动作。

对此步骤重复五次，你就可以建立一个弹性的NLP状态锚了。你要注意的是，重复练习是极其关键的。

继续锤炼你的"锚"——比如通过比划手势，来表达自己想说的话或想到的短语。或者通过一幅画描绘一个具有代表性的人或物品，测验自己能否从这些想象中获得愉快的情绪。

之后，你就能成功"锚定"自己的情绪了。紧接着，用10-15秒钟的时间来感知自己的情绪，如果对此不是很满意，就再尝试换其他经历进行想象。切记，你要勤加练习，并要反复操作。

在一段经历中，另外一种管理情绪的有效方法是中止。中止此刻所酝酿的情绪，然后通过以往的经验，预知未来可能会激发出的情绪。如此，你便可以获得比以前更多的信息。

现在就试试吧！写下你此刻正在经历的事情的所有细节，写完之后问自己："还有什么是我没有注意到的吗？"看看自己能写多少。

缓口气

还有一种管理情绪的方法：缓口气。

当你无法察觉到当前事件的细节时，请深呼一口气，把你所有的假设和固有的思维观念呼出去，然后再深吸一口气，把你所有的专注与好奇都吸进来。

其他条件也会成为这一步骤的内容之一，你可以简单地按下"停止键"，告诉自己"缓口气，想一想。"或者"也许反思一下当前的状况比较好。"

想象一下你曾在某次会议或者某场对话中，别人都专注无比，而你却心神游离。现在，试着重新拾回那些情绪，并试着想象自己若是易地而处，该如何应对这些情绪？

案例分析

妮哈尔的团队里有个成员名叫约翰，他们俩的关系总是有点别扭。为此，妮哈尔想通过一系列举措缓和她和约翰之间的紧张关系。其中一个办法是，确保自己每周和约翰私下对话至少三次，她认为这有助于增进彼此间的亲密感。

有一天早上,妮哈尔问约翰这周末过得怎么样,约翰的回答显得有些冷漠。妮哈尔继续追问下去,对方回答却越发简短,而且语气也不友善。

妮哈尔警觉地留意到约翰回答中隐藏的情绪。于是,在下一次对话中,当约翰又开始表现出语气不对时,妮哈尔成功帮他改善了那种不愉快情绪。

在这里,妮哈尔运用了"回顾法",通过回顾以前的一些情绪细节,将其运用到未来的事件当中。

通过这个案例可以得知,提高对事物的敏感度有助于你快速察觉到一些微弱的信号,从而确保自己进行正确应变。

正念练习

关于正念的著作不胜枚举。广义上来说,正念即专注于当下,觉知你周遭的一切。它是一门非常有用的技能。下面是一个帮助你深入了解正念的练习。

给自己倒一杯饮品,可以是一杯茶,可以是一杯意式浓缩咖啡,也可以是一杯果汁,还可以是一杯威士忌。

端起这杯饮品,看一看它的颜色是什么样的,闻一闻它的味道是什么样的,猜一猜它的温度是多少。总之,尽情发挥想象,把有关它的一切都在你脑海中过一遍。

接下来,品尝这杯饮品。当你的嘴唇慢慢凑近杯口时,你注意到了什么？饮品的颜色和气味发生变化了吗？它的温度是否适中？你轻酌一口，口感如何？和你预期的口感一样吗？你是准备慢慢品尝，还是大口畅饮呢？喝完之后，你的身体有什么感觉呢？

这些问题看上去的确有些匪夷所思，你可能疑窦重重——"我为什么要知道关于喝饮料的这些细节呢？"

诚然，关于一杯饮料的思考不是必要的。重要的是，这样的思考练习可以锻炼你的大脑，帮助你理解什么是正念，从而让你变得更专注，同时便于你了解当下发生的一切。

那么，如何比较一般经历和关于那杯饮料的特殊经历呢？假如你想在一场商务会议中实践正念，优势在哪里？请尝试一一列举。

学会运用正念也许是一个漫长的过程，但进行正念思考并不会耗时过长。如果你还心存疑虑的话，不如回过头去翻阅本书第三章的内容。实际上，正念练习的效果不会在当下就显现出来，但是准备和发生的过程则十分快速。你练习得越多，就越发思维敏锐。所以，勤加练习是不二法门。

现在你需要注意的是，在你的经历中发生的任何事情，都很可能不会符合你的预期。因此，你必须成为一个敏锐的观察者，才能防患于未然。假如你正在经历一件事，你要如何描述它呢？你又如何判断它的走向呢？成为一个敏锐的观察者需要耗费许多心力，最简单的方法就是问自己："此刻发生了什么？"

通过NLP状态锚、缓口气和正念练习这三种方法，你已经能让自己停下来进行深度思考了。现在你必须回答这个问题："此刻发生了什么？"

乔丝婷的案例1

乔丝婷接手了公司在全球范围内推出新产品的宣传任务，现在离截止日期仅有三个星期，她知道自己将不能按时完成任务。因此，她想和经理谈谈如何解决这一问题，以及如何做出相应的变动。

她先是做了如下准备：

1. 总结经验，回忆所有与宣传任务有关的细节，包括投放市场的产品内容，错过最后期限时的预备方案。

2. 时刻观察身边发生的每件事，重点是经理和其他同事对这次宣传任务的态度和反应。

3. 由于充分意识到了现实状况，她知道这将是一场很重要的会谈。

接着，她带着忐忑的心情和经理以及相关成员进行了会谈。出乎意料的是，当她提出预备方案后，经理意外地表现出了支持，并开始着手安排补救工作。

她不禁松了一口气，心想：难道是自己满怀愧疚的陈词打动了所有人吗？会谈真的就这么顺利结束了吗？

第二阶段"D"——深思熟虑

一旦你弄清楚了"总结经验"的本质，就可以进入"深思熟虑"阶段了。在这一阶段，你必须深入分析自己正在经历的事情，找到它的价值和意义。

找到重点

你首先要明白，现在最重要的事情是什么？这是你可以自己解决的问题。当然，你也可以向身边的人求助："你认为我们正在做什么？"或者"你认为我们现在是什么状况？"

向别人提问有两点好处：一是别人组织答案的时候，给你提供了一些思考的时间；二是别人的答案也许能给你带来有用的线索。

不过，你必须注意，要尽量与他人保持融洽的联系，这样才能产生有效的对话。由此，我建议你认真想想这两个关键问题：

1.他们想从我这里得到什么？
2.我目前所做的事情对下一步行动有什么影响？

特殊挑战

为了更好地培养深思熟虑的习惯，我建议你继续思考以下问题：
○ 你会刻意拖延，事后才回想起来吗？

○ 你经常对当前的问题视而不见吗？

○ 你怎么才能记住自己要做的事情？

其实，这类问题你自己就能想到很多。发问越多，你就越有机会深思熟虑。还记得第一章所述的培养新习惯的方法吗？你现在要做的就是这些。

乔丝婷的案例2

乔丝婷不明白经理为什么会支持她，也无法确定会谈能否顺利结束，尤为重要的是，她不知道自己有哪些收获。

于是，她以最快的速度展开了深思熟虑：

1. 宣传任务延期的背后是否另有隐情？比如经理其实不想让她担这个责任。

2. 担心会议能否顺利结束，与她内心潜在的焦虑有关吗？

3. 会谈进行到此，她有没有遗漏掉重要细节呢？

第三阶段"G"——泛化选择

你可能没有充足的时间完成第三阶段的任务，所以面临的挑战是：如何快速把它做好？

在"总结经验"阶段，你已经对正在经历的事情有了一定的了解，并在"深思熟虑"阶段加深了对它的认识，现在你需要做两方面的准备：一是泛化出可供选择的行动方案，二是确定学习的范围。

请记住，你还不能采取行动（即第四阶段），而要为它打下铺垫。

快速提问

在事情发生之前,提问是有益无害的。当你准备泛化行动方案时,有必要多问自己一些问题,尤其是"在下一步行动中,我想达到什么样的效果"这类问题。

快速回答

你需要什么品性?(例如:沉着、好胜、更有创造力。)
_____
_____
_____

假如没有多余的时间,现在就让你做一件事,你会做什么,会怎么做?别急,先想想其他人会怎么做?(例如蝙蝠侠、你的父母、你的老板、史蒂夫·乔布斯。)
_____
_____
_____

如果排除了令你恐惧的因素(例如:时间、金钱、人物等。),你又会怎么做?
_____
_____
_____

如果你面对的是一位挚友,而不是同事,此刻你会说些什么?

（如果你面对的是一位同事，而不是一位挚友，此刻你会说些什么？）
_____
_____

有哪些问题时常会在你脑海里闪现？你认为目前这个阶段中最有用的问题有哪些？
_____
_____
_____

自我批评

注意，你的自我批评总是在试图扰乱你的想法。你的自我批评可能已经在干扰你："假如是蝙蝠侠，他会怎么做呢？""我的确会因为缺乏某些品性而感到焦虑。"

准备好应对这些自我批评，你可以试着对自己说："这些只是选择而已，我大可不必立即付诸行动。"

你会如何回应这些自我批评呢？
_____
_____
_____

其中一个选项是，你可以多给自己一点时间去学习EDGE-it思考模式。不妨问问自己："我该如何从当下的经历中逃脱出来呢？"

乔丝婷的案例3

针对第二阶段产生的三个问题,乔丝婷认为前两个问题暂时没必要去解决,当务之急是处理第三个问题。

她知道时间紧迫,所以她快速泛化出两个备选方案:

1.假如此刻她更为沉着、冷静和包容,她会怎么做?

在这种情况下,她必须大声地提问,或者直接问经理:"我们还需要考虑什么?"

2.如果时间很充裕,她会做些什么?

在这种情况下,她回答:"下周再和经理一起检查遗漏掉了哪些细节。"

第四阶段"E"——采取行动

在这一阶段,你要尽快评估你的备选方案,并选出其中一个方案去执行。这样,你才能获得更多的新经验和更好的结果。

评估备选方案的关键是,你要运用"深思熟虑"阶段得到的结论:"他们想从我这里得到什么?"以及"我目前所做的事情对下一步行动有什么影响?"由此选出对自己最为有利的那个方案。

我来给你举个例子:

前段时间,我召开了一次网络研讨会。

临近会议结束时,我征集了与会者对此次会议的评价意见。从投票结果可以看出,大多数人都是比较满意的。不过,他们并不知道投票结果。

我决定邀请三位与会者详细阐述一下自身的感受。可是，受网络故障的影响，第一位受邀的与会者（他对此次会议的评价意见是满意）突然连线失败了。于是，我不得不在几秒钟之内重新考虑，还让不让另外两位与会者继续发言。因为其他人并不知道，他们俩的评价意见一个是满意，一个是不太满意。如果他们俩发言了，其他人可能会觉得，此次会议并没有那么成功——毕竟，满意与不满意的票数各占一半。

为此，我立即思考了两个问题：

问题1：他们（与会者）现在想从我这里得到什么？

答案1：他们想知道其他人对此次会议的感受以及每个人的表现。

问题2：通过下一步行动，我想获得什么样的反馈？

答案2：我想让所有参与者都感受到此次会议开得很成功。

当时，我给自己提供了几个选择方案：

○ 打开网络话筒，换一个人来试试。

○ 把话筒直接转给我刚才选中的另外两位参与者。

○ 干脆关掉所有话筒。

用最短的时间进行评估后，我决定关掉所有话筒。我以文字的方式对所有与会者说，话筒坏了，然后向他们公布了投票结果。

这一方案既能让每一位与会者都感觉到会议整体上比较成功，又能让我获得自己想要的结果和影响。

乔丝婷的案例 4

这一阶段首要任务是评估方案的可行性。乔丝婷将她遇到的问题进行了综合分析：

第一，她要确保会议结束后没有任何细节上的遗漏。

第二，她要详细阐述这个阶段中最重要的事情。

第三，她要问经理还有哪些方面没有考虑到。

只有成功解决这三个问题，她才能开始下一步行动。

于是，她和经理就这三个问题展开了讨论。

这是个不错的选择，因为这能让他们在最后期限到来之前喘口气。

紧接着，我们来到最终的第五阶段：循环往复

这一阶段意味着重复前面的所有步骤。

记住你曾经最为受益的情绪体验，并发掘你此刻的经验体会，然后仔细留意这些体会。

现在，你回到正轨了吗？还是需要另作调整？

如果没有达成预期，你就要"生成"一系列新的选择，在必要时采取额外的行动。当你这么做了之后，再次评估你的所有选择，并选择其中之一来执行。如此循环往复，直到你满意为止。

这个过程看起来十分复杂，但它能让你缓慢推进 EDGE-it 思考模式的进程，并以此受益。

以下是一个例子：

克雷格是英国一家运营公司的培训经理，他每周都会给员工上很多次培训课。

有一天,他发现有一桌学员没有像其他学员一样投入到学习中来。于是,他尝试用EDGE-it思考模式分析这件事:

总结经验:有一桌学员没有像其他学员一样投入到学习中来。

深思熟虑:他在锁定现象后快速提出了两个问题。

问题1:

此刻他们需要我做什么?

回答1:

他们需要我继续教授培训课。

问题2:我希望自己的下一步行动能带来什么样的影响?

回答2:我想让课程继续下去,并且能控制自己的情绪以及课程内容的进度。

泛化选择:克雷格找出了一系列的对策:

○ 询问那些学员到底发生了什么事。

○ 转换自己的能量场。

○ 继续稳步上课。

○ 置之不理,对那一桌学员能够重新投入到课程中来不抱希望。

采取行动:克雷格结合自己在深思熟虑阶段提出来的问题及其回答,仔细考量了他泛化出的所有选择方案,并决定采取以下两方面措施:一是加快自己的讲课速度,二是大举推进课堂进度。

他希望在加快进度的情况下,让那组学员们把注意力重新转移到课程上来。

循环往复：克雷格将自身在培训领域获得的经验和课堂小组的反馈联系在了一起。这次培训课程对于大多数学员来说都是极其成功的，但是对那些参与度不高的学员来说，课程的效果就要相对差一些。为此，他决定从这次经历中收获更多的经验，并把EDGE-it思考模式应用到他当下的经历中。

在后续的发展中，克雷格花费了一些时间来总结经验，并从中获得了额外的经验。然而，他渐渐意识到，努力推进课程前进的过程，其实只是让自己牺牲掉了能有效吸引走神学员的机会。

他发现，暂停下来休息几分钟，不但能让走神的学员重新集中精力，进而带动课堂的整体活跃性，还能给他自己一点时间用来思考。

克雷格从这次经历中学到，他应该更加相信自己的认知，并且在做事的过程中为自己的认知预留更多的空间。

本章小结

不断练习是提高EDGE-it思考模式应用能力不可或缺的过程。请在接下来的24小时里，找到一个能够让你应用EDGE-it思考模式的情境。

你想到的情境有哪些？

你如何保证及时发现周围的学习机会？

总结经验：你将用什么方法来保证自己一直处于最好的状态。问问自己：此刻有什么事情正在发生？

深思熟虑：记得去认真思考自己提出的关键问题。问问自己，此刻最需要关注的问题是什么？

泛化选择：最能够帮助你了解本次经历的方案是什么？

采取行动：记住你选择的最终方案，并认真实施。

循环往复：行动之后，观察你的经历发生了哪些变化。

请把你想到的案例和从中学到的经验写在下面的空白处：

_____

_____

_____

_____

_____

乔丝婷的案例5

最后，乔丝婷的思考暂停在循环往复的阶段。她打算在结束和经理的会谈前，迅速在大脑里过一遍思考模式的各个阶段。

两人在这次会谈中的经历是——他们错过了彼此困惑的重要部分，忽视掉了沟通过程中最核心的部分，但这跟他们一起商量后做出的决定密切相关。

在深思熟虑阶段，乔丝婷和经理花了些时间思考：为什么他们之间会发生上述经历？还明确了会谈结束后他们想要确定下来的问题。

他们都想要确认在讨论过程中没有遗漏任何重要的东西。

在泛化选择的阶段,他们快速提出了一些问题,使用了乔丝婷最喜欢的关于当下时刻的一些问题。在我最冷静、最包容的状态下我会做些什么?在当时的状态下,她的答案是,再次对"我们还需要考虑些什么"进行提问。

而事实上,他们两人确实这样做了。在采取行动的开始阶段,他们再次自问:"我们还需要考虑些什么?"又讨论了几分钟之后,他们最终得出结论——目前已经没有什么需要再纳入思考的东西了。但是,乔丝婷必须在未来的48小时内继续自己的思考。如果在这段时间内乔丝婷还有其他想法,她可以再次和经理会面探讨。

本章要点

仔细观察是将EDGE-it思考模式应用于当下时刻的重要方式。

你可以学着改变自己的精神、情绪和生理状态,让它们能够在特定的时区下帮助你获取更好的结果。

在当下时区使用EDGE-it思考模式时,你面临的重大挑战是,维持整体流程的和谐一致,而实现这一目标的关键是大量地练习。

在工具表中提前设置好激发性问题和关键性问题,会给予我们巨大的帮助。

你的章后总结:

_____

_____

_____

_____

_____

_____

事件发生中的EDGE-it思考模式使用手册

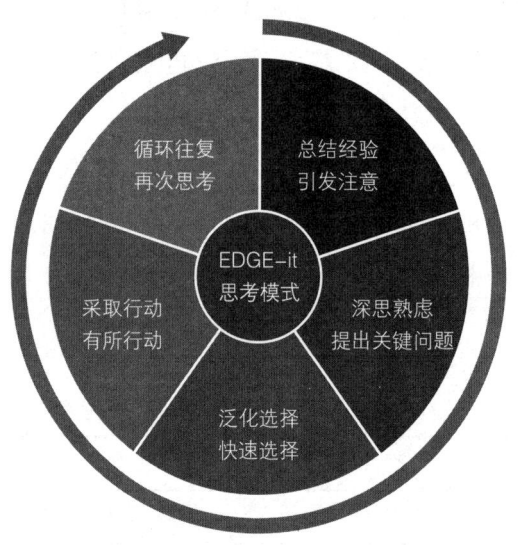

图 6-1　EDGE-it 思考模式各阶段的运用重点

总结经验

如果你发现自己在总结经验阶段的感受和之前的预期有所偏差,那么,你要时刻准备好返回最初始的阶段。在这一阶段,你要努力练习自己的NLP状态锚。

关键问题:现在有什么事情正在发生?

深思熟虑

在这一步骤开始之前，请先准备好下面的两个问题：

他们现在到底想让我做些什么？

我希望自己的下一步行动能够达到什么效果？

任何时候，都要勇于接受挑战，但一定要注意保持融洽的关系。

泛化选择

想一想你能够做些什么，尽可能把他人放在你思考过程中的合适位置。请写下两个最有激发性的问题：

表 6-2　问题记录表

1.
2.

请记住，你要思考：能否在总结经验阶段留出一小段休憩时间？

采取行动

选择其中一个方案并采取行动，看看结果如何。

往复循环

请检验：你是否一直在和谐正确的道路上前行？ 在当下时刻，你是否需要再次采用EDGE-it思考模式呢？

然后请回顾，在这段经历中使用EDGE-it思考模式能够给你带来什么好处？

第七章　EDGE-it思考模式在未来时区的应用

我们很少发现愿意努力思考的人。大家几乎都在追求简单的答案和不是很成熟的解决方案。对有些人来说，没有什么比强制思考更痛苦了。

——马丁·路德·金

如何预判一件即将发生的事情呢？也许它是令人振奋的，也许它是令人沮丧的。不过，如果你有足够的能力和信心让它往好的方面发展，那该多么美妙啊！

现在，想必你已经下定决心要将EDGE-it思考模式应用在即将发生的事情上了吧？通过前面几章的学习，你早就给自己设立了一些目标，并为此做出了相应的计划。接下来，你必须竭尽所能去实现这些目标。

请花上几分钟时间想想你的目标。它可能是职位晋升，可能是获得一份新工作，可能是想缓解自己与某人的冲突，可能是在一周的某天早点下班。请在下一页空白表上记录你其中一个目标的完成情况。

第一阶段"E":总结经验

想象一下,当你实现目标时,将会是怎样的情形。

尽可能在想象的体验中加入更多的细节,并"站在未来"用"这真是太美妙了"的心理状态来描述目标。也就是说,把未来的情形描述成现在正在发生的样子。

这里有一些例子也许能帮助你。

例1:

我设定这个目标已经三个月了。我刚刚从新客户那里获得了一份兼职,报酬约等于我年收入的10%。我加入了为这位新客户服务的团队,而且个人表现相对出色。目前,我和团队已经与新客户所在公司的两位关键人物建立了良好的关系。

我每周会与客户方的主要联系人至少进行一次交谈,对方每月也会至少打一次电话给我,询问我对相关业务的具体看法。

例2：

我设定这个目标已经四个星期了。我建立了必要的营销联系人员数据库，所有联系方式都是实时更新后的最新数据。

我和我的合伙人都有权随时访问数据库，每当我们与数据库负责人取得联系后，都会及时更新数据库中的资料。

例3：

我设定这个目标已经六个月了。我每周至少会抽出两个小时用来阅读。在我的日程安排中，每周还会预留两小时用来开会，而阅读时间则是雷打不动的。我的私人助理和团队成员都知道，我阅读的时候不喜欢被打扰。

在这六个月里，我阅读的都是最新的技术性文章，而且有充足的时间用来思考。正因为如此，我一直保持着全新的动力，并拥有了能够紧跟时代脉搏的战略性思维。

现在，请你回顾一下本章开头提到的目标，并在心中描述一下实现这个目标后将会让你有什么样的改变。

下面一些提示可能对你有所帮助。如果遇到不完全适用的提示，请忽略它，继续向下看。

现在假设你正处于未来某个时区：你已经实现了自己的目标。

○ 自从你设定这个目标以来，距今有多久了？

○ 你现在到达了哪个阶段？

○ 谁在你身边？

○ 谁帮助过你？

- 你在做什么？
- 你感觉如何？
- 你现在是什么状态？
- 当你设定目标时，对它有什么不同的看法？
- 你采取了哪些新的行动？
- 你丢掉了哪些旧的习惯？
- 实现这一目标后，你获得了哪些成就？

简要描述一下你的初步目标。请记住，你要用"这真是太美妙了"的心理状态来描述它：

第二阶段"D"：深思熟虑

请回顾你之前制订的初步目标。你能描述出多少有关它的细节？

如果你很难描述出实现目标时的具体细节，那么它很可能是一个宽泛的战略目标。

如果你很轻易地就能够描述出实现目标时的具体细节，那么它很可能是一个战术目标。

将目标确定为宽泛的战略目标是存有巨大风险的，这是因为：

1. 它会出现很多未知因素。

2. 你要投入大量精力去处理这些未知因素。

3. 没有细节化，也就不知道从何入手。

4. 短时间内是无法完成。

5. 受以上四点影响，失败的概率比较大。

举例说明：你想从自己目前的职位上升两个层级；你想将客户的规模扩大30%，甚至更多；你想让自己的收入提高50%，甚至更多，等等。

无论如何，每一个这样的战略目标都会包含若干个明确的战术目标（有时可以称为里程碑式目标）。如果你能将这些战术目标的具体细节描述出来，那么不需要耗费太多力气，就能将它们轻松完成。

再次回顾一下你的初步目标。如果你觉得这个目标需要做出调整，那么现在就是最佳时刻。但请记住，你一定要运用大量的事实证据来完美地描述它。

我来举个例子：

我定下这个目标已经六个月了。我和我的上司互相尊重，关系融洽。他让我有机会参与到公司的许多重要讨论中，而且还让我参与到某些项目决策的前期工作中去。

我们每周都会有一次一对一的面谈，他会基于我在工作中展现出的优势,给我提出一些具体建议和反馈,并指导我该如何恰当地运用自己的优势。此外,我们的面谈偶尔也会涉及一些最近工作上进展不太顺利的事务。

我认为自己已经将工作做得很不错了,而且我现在的做法不会为自己的职业前景带来任何令人失望的"惊诧"。

再来举一个例子:

我搬到了新的公寓居住,去公司上班比以前便捷了很多。在通勤上节省下来的时间,我会用来做些其他事情——每周至少跑步四次,偶尔也会五次,每次跑30分钟。

为了实现搬家这一目标,我必须在日常花销上做出一定的牺牲。现在我在外面吃饭的次数比平时少了很多,但与此同时,这给我带来了更多购物和烹饪的时光。我发现,这个过程对我来说不但是一种享受,还能节省下一笔不菲的开销。

经过调整后的目标:

_____

_____

_____

_____

_____

仔细思考、研究当下的情况，对于目标的制订也很重要。你必须了解哪些因素有助于你实现目标，哪些因素会阻碍你实现目标。力场分析图将会是一个十分有用的工具。

请你想象一下：在一套弹簧装置的水平杆终点，竖立一支垂直于水平面的垂直杆。水平杆代表你实现目标过程中的各个阶段，垂直杆则代表这一目标的实现进度。

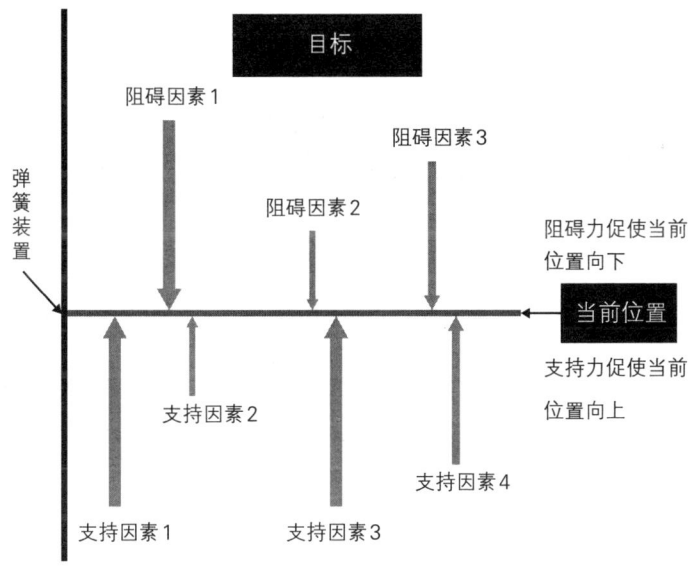

图 7-1　力场分析图 1

从下至上支撑水平平台的因素有很多。它们都能够帮助你达成目标，同时又能够支撑水平平台不落地。我们可以用不同长度和厚度的箭头来代表这些支持因素。箭头越粗、越长、越厚，则代表该因素的意义就越大。

与此同时,还会有一些对平台施加向下压力的因素。它们是会让你远离目标的阻碍因素。阻碍因素也可以用不同长度和厚度的箭头表示,箭头越粗、越长、越厚,则代表该因素的意义也就越大。

在上述案例中,你能够观察到,支持因素1和3以及阻碍因素1,对于从某一位置移动到另一位置的过程具有重大的影响。

请你思考,哪些因素可能有助于你实现目标,哪些因素可能会阻碍你实现目标。

请使用下图,帮助你"具象化"自己的思维过程。

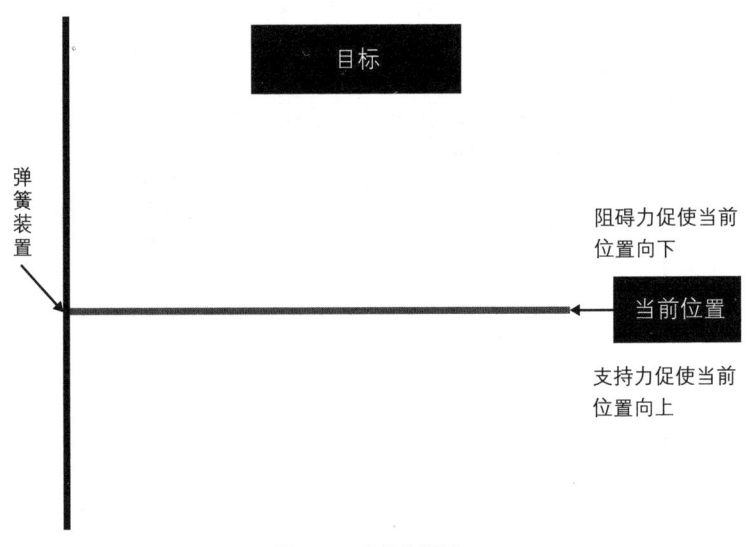

图 7-2　力场分析图 2

第三阶段"G":泛化选择

当你确定了支持和阻碍你实现目标的各种因素之后,就可以泛化出更多可行的选择方案了。

请记住，在这一阶段你要做的只是泛化出更多的方案，评估和具体操作会在稍后的阶段（采取行动阶段）进行。

利用之前准备好的力场分析图，你可以泛化出以下三类方案：

1.能够建立或加强当前支持因素的方案。

这些方案至少有助于你继续保持水平平台相对于垂直杠杆的高度，甚至能帮助你把水平平台提升到更高的位置。

2.能够增加新的支持因素的方案。

任何能够用于支持水平平台的因素，都能将水平平台在垂直杆上的位置推得更高。

3.能够减轻或消除当前阻碍因素的方案。

其中包括你目前能够采取的所有行动方案，以便帮助你减轻当前的压力。

泛化这三大类方案对于你来说都十分重要。

接下来，请思考这些问题：

○ 在这样的情景中，以前有哪些方案对你是起作用的？

○ 如果你要给一个朋友建议，你会怎么做？

○ 哪些事情会给你带来深远的影响？

○ 如果你有魔杖，能够随意调节杠杆，你会如何使用它呢？

○ 目前来说，你还能做些什么？

当你的想法枯竭时，再问一次自己：我还能做什么？

根据你确定的目标以及通过这一目标生成的力场分析图，在下一页的表格中写下自己的笔记。

表 7-1　力场分析记录表

建立或加强当前支持因素	
新的支持因素	
减轻或消除当前阻碍因素	

第四阶段"E"：采取行动

评估方案并选出你要执行的操作在此阶段尤为重要。你应该已经有了一系列可供选择的方案，而现在你面临的挑战就是对它们进行评估并采取行动。

在这里，你可以使用此前我们分析 EDGE-it 思考模式时用过的"难易程度/作用效果评估表"来评估泛化出来的选择方案。当然，你也可以直接对方案进行评估，并以此分析出不同的标准。

难易程度/作用效果评估表的两个关键标准是——执行方案时的难易程度，以及执行方案后带来的影响。

但是，在同样的评估表中，如果你采用了不同的标准，又会有怎样的结果呢？例如：成本和运算速度，或者影响和成本，又或者视觉吸引力和知名度？

同表 5-14　难易程度/作用效果评估记录表

执行相对简单		
执行相对困难		
	实现目标的可能性较低	实现目标的可能性较高

一般情况下，如果这些工具并没有帮你获得自己想要的结果，很可能是因为你没有用对标准，或没有权衡好比重，也可能是因为你在评估过程中忽略了一些具有重大意义的影响因素。

这时，你需要再次回头看看。相信自己的直觉。再多考虑一两天，然后重新做出选择。

完成之后，你需要测试自己对于执行方案的决心有多大。你可以使用第五章中提出的1-10决心等级进行测试。

同表 5-11　决心等级表

先确定第一步的行动，并要了解你应该在何时采取这一步骤，将其记录在下面的表格中。

表 7-2 行动记录表

我的第一步是……
我采取行动的时间是……

第五阶段——"it"：循环往复

在朝着目标迈进的过程中，重复前四个阶段是非常有必要的。你要进行多方面考量：

○ 确认目标是否仍然是你想要的？

○ 观察它在变化的环境中是否仍然得当？

○ 检查支持和阻碍因素是否仍然与上次评估的结果一致？

○ 确认你采取的行动是否符合预定目标的要求？

在循环往复的日程表中，确定你可以再次切入EDGE-it思考模式的位置，然后反复检查。根据你设定目标时预设好的时间范围，为下一次的审核选择适当的时间间隔。

你会在何时通过EDGE-it思考模式再次审查自己定下的目标呢？请在下面空白处写出你的回答。

_____

_____

_____

本章要点

用足够多的细节来表达你设定的目标的重要性。如果目标太具有战略意义，那么不确定因素可能比比皆是。

分析你现在的状态和你预期状态之间的差距（即你的目标），这样的分析既能让你找到有助于你实现目标的有利因素，又能让你确定途中可能会碰到的阻碍因素。

方案可以包括：

加强支持因素，或在支持因素的基础上建立新的方案。

增加新的支持因素。

减轻或消除当前的阻碍因素。

你的章后总结：

_____

_____

_____

_____

_____

事件发生前的EDGE-it思考模式使用手册

在这里，你有机会认真思考那些你想实现的目标。

第一阶段"E"：总结经验

想象一下，当你实现目标时，具体细节是什么样的。以"站在未来"的视角描述你的目标，把它当作现在已经实现的样子。

第二阶段"D"：深思熟虑

创建一个力场分析，其中水平杆代表你现在所处的位置，而你为自己设定的目标在顶部。适当长度和厚度的箭头表示支持力和阻碍力,箭头越短越细,则力度越小;箭头越长越粗,则力度越大。

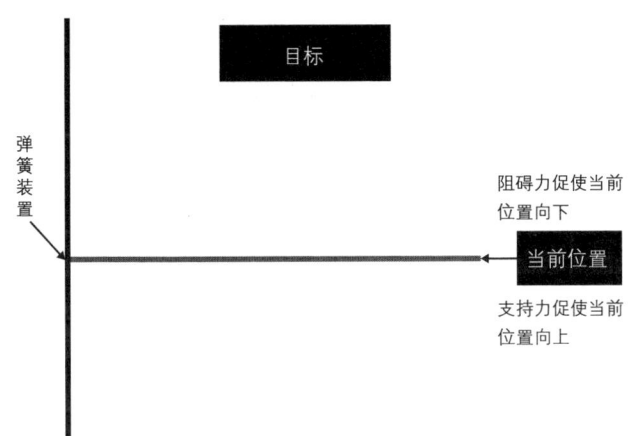

同图 7-2　力场分析图 2

第三阶段"G":泛化选择

为了实现目标,你必须泛化出更多可行的选择方案。当你的想法枯竭时,再一次问自己:"我还能做什么?"

同表 7-1　力场分析记录表

建立或加强当前支持因素	
新的支持因素	
减轻或消除当前阻碍因素	

阶段四"E":采取行动

使用"难易程度/作用效果评估表"对方案进行评估,并做出选择。完成之后,你需要测试自己对于执行方案的决心有多大。你可以使用决心等级表进行测试。

同表 5-14　难易程度/作用效果评估记录表

执行相对简单		
执行相对困难		
	实现目标的可能性较低	实现目标的可能性较高

第五阶段——"it":循环往复

安排特定的时间,检查你之前的目标是否仍然得当。在下面空白处写出你的回答。

_____
_____
_____
_____

卷四

向前一步

镜子中的反射,是对它前面事物的精确复制。然而,在深度思考中,并不是对过往经验的简单复制,而是不断改进。

——约翰·比格斯

深度思考:让所有事情都能正确入手

第八章　领导力核心技能

> 思考是世界上最艰苦的工作，也正因如此才鲜有人愿意从事这项工作。
>
> ——亨利·福特

现在你已经知道如何将EDGE-it思考模式应用于所有实践中：

既可以应用于已经发生的事情上，又可以应用于正在发生的事情上，还可以应用于即将发生的事情上。

在学习结束之前，希望你能将EDGE-it思考模式与你的个人情况相结合并从中获得更多的益处，下面我们再以更广泛的商业案例来阐释深度思考。

对你已完成的和正在做的以及你想要做的事情进行深度思考，称得上是不可或缺的核心领导技能。

它几乎是你每一项必要任务的基础，而且在当今的商业活动中至关重要，对处于中层或更高层的管理者来说更是如此。

批判性思考

最近几年,一种名为"批判性思考"的思维方式开始出现在众多书籍、论文和博客中。人们对"批判性思考"的理解见仁见智,如果你上网搜索它的含义,将会发现很多晦涩难懂的解释。

以我们的目标为出发点,"批判性思考"就是通过一种条修叶贯的方式将思考应用到实践中,使你对经验的理解由浅入深,从而在行动中更为睿智、卓越和精准。换言之,就是深度思考。

为什么深度思考如此重要呢?这是因为,职场需求正在发生变化,越来越多的职位开始关注知识管理和思维方式。

多年前,职场的关注重点是体力劳动。当然,这项指标在一些发展中地区仍然是关注重点。

此后,随着电力的广泛应用以及精密机械的发展,机械化作业大范围取代了人力劳作。

从20世纪后半叶起,这种机械化作业又被电子计算机化工作所取代。

现在,那种传统意义上的"知识"已经相当普遍了。因此,竞争优势就体现在如何比别人更好地利用相关知识。

作为当时商业管理发展理念的领军人物,彼得·德鲁克在1994年发表于《大西洋月刊》的文章中写道:"个人、组织和企业如何获取及应用知识(加重强调)将会成为竞争因素的关键。"

毫无疑问,那些著名的企业领导者都非常重视思考。比如:比尔·盖茨就以思考周全而著名。2005年,《华尔街日报》发表了一篇题为《在秘密基地，比尔·盖茨研思微软未来》的文章。文中说，比尔·盖茨每年都会有两次为时一周的隐居时间，专门用来阅读文章以及阅览员工的反馈意见，以此进行反思。

尽管这些年来安排时间的方式五花八门，但是对于时间的理念却依然如故。比尔·盖茨作为有史以来最成功的商人之一，也是如此。

另一位成功的商人，易贝公司总裁兼CEO约翰·多纳霍不仅自己积极思考，还鼓励他人也进行思考。

多纳霍在2013年7月的一份公告中写道："高效领导力中最受争议的因素之一就是，领导者必须以保持巅峰时的速度来不断学习。大多数成功的领导者从未停止过学习，事实上，他们孜孜不倦，废寝忘食，不断尝试和探索能够提升自己和周围人工作表现的方法。

我发现，学习增强自我表现的最简单且行之有效的方法就是，定期进行深度思考，以此了解自身的状况。

每六个月，我都会回顾一下自己学到了什么，然后调整重点，以确保自己花费的时间创造出了最大的效益。"

既然这么多成功人士都花费时间用来深度思考，我们有什么理由不这么做呢？

专注于行为

我猜测，一些领导者及其团队成员（包括你）对花时间进行深度思考的效用有所怀疑，因为过去几十年来大家一直在强调"行动"的必然性与合理性。

你以前总是被灌输"事半功倍,一本万利"的理念,于是担心进行深度思考时会忽视行动和效益。但真实情况恰恰相反,深度思考才是帮助你采取正确行动的正确做法。

努力提高生产力当然意味着要专注行动,然而人们往往对自己的行动不加思考,任意为之,这就很可能导致决策上的失误。

下面这个案例有着完全不同的背景,希望你能从中受益。

2005年,一些经济学家将视角放在了精英足球守门员身上。他们绘制了罚点球方向的概率分布图,经过分析得出结论:对守门员而言,最优策略是守在球门中心位置。然而,大多数守门员总是跳向右侧或左侧。事实证明,守在球门中心位置的守门员有33.3%的概率能截获球,但实际上他们仍只花费6.4%的时间守在球门中心位置,而向右接球的时间占了总时的12.6%,向左则占了14.2%[1]。

这项研究的作者总结说,即使某一行为——任何行为——某个偏好被明确证实是错的,也很难被克服。

在这个案例中,我们应当注意,尽管这不是经济学家调研的原因——选择守在球门中心位置也是一种行为,但它确实是能获得最优成果的行为。

你从这个案例中学到了什么呢?我认为,在选择某种行为之前,先进行思考是非常有必要的过程,也是提高成功率的关键。

---

[1] 盖里特·诗尔恩等:精英足球守门员的行为偏好:罚点球案例分析,《经济心理学》2007年第28期。

"思"有所值

在保持运作模式不变的前提下,要求出现与之有所差异的结果,是一种失智的表现。你若想优化结果,就必须改变整体的运作模式。

如今许多机构在涉及从前并未关注过的领域时,都极其注重提高投资的回报率。比如,在我的工作范畴内,我发现越来越多的企业在评测培训时特别强调投资回报率的问题。

如果你曾凭"感觉还不错"来做事,那么现在这种方式已经远远不能满足当前的工作需求。

其实我们不难理解,这些企业其实只是把自己的需求重点转移到了投资回报之上。

确保结果优化的方法之一就是,从你的所作所为中学习。无论是从商业角度还是个人获益角度来说,它都是行之有效的。增强思考投资回报率的问题。谁说不是呢?

而EDGE-it思考模式将会为你提供你所需的思维结构,最大限度地激发你的思考行为。

如此看来,要求已经很清楚了:在思考中,你必须比以往任何时候都要更好地获取并应用知识。你准备怎么做呢?

领导力"领域"

让我们花几分钟来看看你的情况。回想一下你目前任职岗位的职责要求。我们可以根据你的岗位职责,将其功能划分为四个不同的"领域",分别命名为:

○ 领导
○ 管理
○ 行动
○ 人才培养

为了帮你理清自己的职务，下面的表格已经列出各项职责任务。请利用这些要点提示充分考虑你的职责。

表8-1 领导力领域职责分布表

领导	管理	行动	人才培养
鼓舞 激励 革新 挑战现状 创新 确立标准 魄力 激发忠诚度	控制 组织 任命派遣 改变计划 完成当前实践 指导与指挥 策划步骤 监督和协调 谋求生产力	工作 生产 交付成果 接受革新 接受当前实践 学习 行动 跟进计划 执行 寻求自我产出	设备 发展 保证革新安全 平衡反对方与支持方 注重学习 平衡创新与生产 鼓励 关注他人的表现
设想与未来	生产力与成果		表现与学习
	他人	自我	

现在来考虑一下你的职责，然后将其逐项填写在下面的表格中。

可能你的职责无法平均分布在四栏中。没关系，这是因为你在某一领域的耗时多于其他领域。我们以后还会回头来看这些职责意味着什么，并考虑如何利用EDGE-it思考模式发挥你的优势。

表8-2 领导力领域职责分布记录表

领导	管理	行动	人才培养
设想与未来	生产力与成果		表现与学习
	他人	自我	

想一想表格中列出的与你必须完成的任务相反的项目。显然，你还需要很多技能来更好地行使你的职责。这些技能将会贯穿你整个职业生涯——它们至关重要。

应用EDGE-it思考模式

因为你已经完成了前几章的练习,EDGE-it思考模式对于你来说不再陌生了。你可以将它应用到其他领域内的一些特定环节中,比如以下内容:

○ 你可以从上表中选择一个任务类别,并将EDGE-it思考模式应用到该任务类别中。这将帮助你在单个任务中提升业绩。

○ 你可以选择表中的某一列来考虑其中的任务类别——哪些是已有的,哪些是遗漏的。这将有助你加强在特定领域内的整体表现。

○ 你可以查看相互关联的领域(列)。这将有助于提高你的整体领导能力。

我们来逐项进行解释。

把EDGE-it思考模式应用到特定任务类别

花点时间想一下深入思考是如何帮助你完成任务的。从每一列中选出一个任务,并考虑EDGE-it思考模式能如何帮助你。

以下是一个例子:

在"领导"一栏中有一项是"创新"。

波莉曾负责为一位客户制作了一款新产品,其创新设计给人一种"未来才可能出现"的感觉,所以,她将EDGE-it思考模式应用到了未来时区。

总结经验——立足未来,设定目标。

设定目标——我希望自己能够让一位老客户下新订单。我设定这一目标距今已经有六个月了。在这段时间里,我与团队成员共同工作,制作了一款激动人心的新产品。

我们与客户深入讨论了这个提议,至少有三位利益相关者对我们提供的新产品抱有极大兴趣,不超过两位利益相关者保持中立,无人持反对意见。

目前,新品发售已经获得x英镑的附加收入,而制作这个产品的成本远远低于y英镑。

深思熟虑——分析目标和现状,辨别阻碍力和支持力。

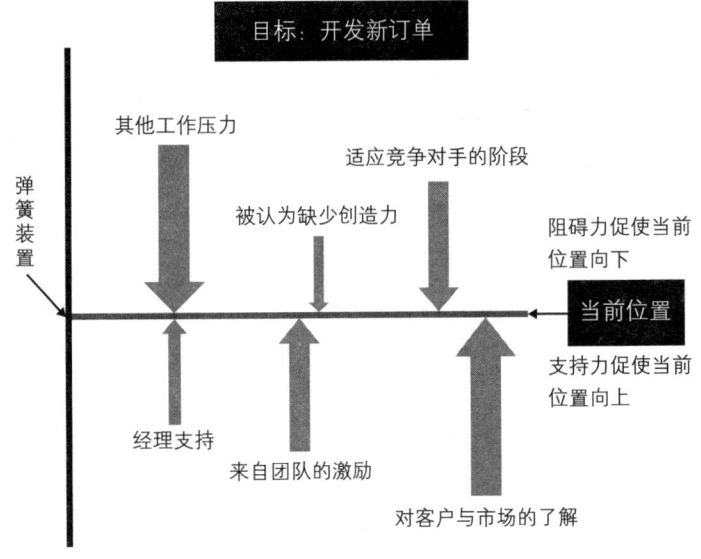

图8-1 波莉用力场图分析如何开发新订单

泛化选择——想一想有哪些选项可以帮你从"当前位置"移动到页面顶部——也就是实现目标的位置。

○ **加强或构建当前支持因素：**

1. 让机构中的其他高层人员加入到经理行列来支持项目。

2. 利用经理的支持来为项目获取额外资源。

3. 庆祝小胜利以鼓舞团队士气。

4. 广纳有才之士。

5. 继续市场调查。

6. 参加贸易会议，构建新思路。

7. 继续与客户建立重要关系。

○ **增加新的支撑因素**

8. 将现有产品推广给公司其他团队的客户。

9. 深入了解新产品的财务影响。

○ **减少或消除当前的阻碍因素**

10. 想办法应对现有工作量。

11. 将新产品开发作为本期业绩目标。

12. 参加创造性问题解决研讨会。

采取行动——首先，排列并选择对你而言正确的选项。然后，一定要确认好自己开始下一步的决心。

波莉根据自己的设想，按所列选项的数字将相应的选项放入适当的象限中。

继续看这个例子——

表8-3 波莉评估自己所有设想的难易程度和作用效果

执行相对简单	5, 8, 12	3, 4, 6
执行相对困难	11	1, 2, 7, 9, 10
	实现目标的可能性较低	实现目标的可能性较高

从表格中可以看出，3，4，6选项代表了重要的影响因素。因此，下一步可能是……

仅取其中一项作为说明：

庆祝小胜利以鼓舞团队士气——每周发起一次庆功活动，表彰个人或团队的出色表现。

当波莉用1-10决心等级表来测试自己对这项活动的决心时，发现数值只有6，这意味着这项活动是不合理的。

当被问及如何将决心等级提升到10时，波莉表示，她更倾向于采用一种独特的庆祝活动，而不是周庆这样的活动。

波莉认为，个人或团队的出色表现确实值得庆祝，但不能单单只进行庆祝，还要进行经验总结。于是，她准备开启一种新的庆祝方式——边庆祝边总结经验，并计划在下一次团队会议上这样做。对于这项活动，她的决心等级达到了10。

往复循环——最后，安排特定的时间，在追求目标的途中重复这个过程。波莉计划，第一次重复的时间大概为期一个月。

将EDGE-it思考模式应用到某一特定领域内的任务——哪些是已有的？哪些是遗漏的？

你可以看看其中一个领域——我们以"行动"领域为例。

同样，你也可以从三个时区视角中的任意一个角度来分析这一点——回顾过去的历史范畴，看看它现在是怎样的，以及在这一刻或者将来你希望它是什么样子——决定从哪里开始是很重要的。

不同之处在于经验：你应用EDGE-it思考模式的经验到底有哪些？下面是一些你可以设置在不同时区的入门问题：

表8-4 经验提示表

回顾过去	立足当下	展望未来
它曾经是什么样子的？你以前在什么领域花费的时间最多？在这一领域内遗漏了什么？需求从何而来？	你现在在什么领域花费的时间最多？你忽略了什么？它与以前的领域相比，有什么相似以及不同之处？	你希望花费多少时间在这一领域？什么样的活动对你来说是正确的？
这一领域的利益相关者是谁？他们希望从这个领域中获取什么？		

总结经验：有些问题可以跨时区应用，比如关于利益相关者的问题。另外，你要在这个阶段记录那些你最容易从经验中注意到的想法和感觉。一旦你构建出自己想要的经验，就可以继续剩下的步骤了。

深思熟虑：深入挖掘你在第一阶段总结的经验有什么意义？你希望获得的具体知识或结果是什么？花时间认真思考你的经验，尽可能多地提出你的想法和感受。

泛化选择：你能想到的可行的选择方案有哪些？记住，在此阶段注重的是数量而不是质量，所以，你必须尽可能多地找出可以帮助自己达成目标的方案。

采取行动：现在你可以评估自己的选择方案，并做出最有可能带你走向成功的选择，然后采取行动。

循环往复：最后，回顾整个过程。查看自己是否遗漏了什么？你还可以获取什么？你有什么新想法吗？你注意到自己应用EDGE-it思考模式的方式了吗？怎样才能做到更好？

将EDGE-it思考模式应用到相互关联的领域

你可以问自己一些问题,例如,你在每一个领域花了多长时间?对于调整成功率有什么好处?有哪些因素保证了成功率?

同样,对于单个领域中的任务类别,你可以使用三个时区中的任何一个来描述经验。

表8-5 经验描述表

回顾过去	立足当下	展望未来
这一领域的利益相关者是谁?他们希望从这个领域中获取什么?		

将EDGE-it思考模式应用到思考本身

我想鼓励你更进一步。我想说的是,无论你在机构中处于什么位置,是领导也好,是普通员工也好,都要善于思考——以更深入、更集中的方式去思考——让你的思维更加敏锐——它与你在职业生涯中培养的其他能力一样重要。

回想第一章介绍的深度思考图谱。"思考"在图谱中心,随着位置向右移,变成"深思",表示你将时间用于正确事情上的可能性也随之提高。由此可见，深度思考让你获得了更多的收益和更好的结果。

皮特·哈尼曾说过："学会学习是你最重要的能力，因为它为你想发展的一切打开了大门。"

在这里我要修改一下他这句话：深度思考是你最重要的能力之一，它可以帮助你解决各类问题，并学会如何在新的环境中运用自己学到的知识。

这种能力不会与你掌握的其他能力产生冲突或互相削弱，而会完美融合，相辅相成。

事实上，你想要的每一种特定体验背后都隐藏着某种思维模式，以及某种常见的解决问题的方式。只要你善于在思考和解决问题的过程中产生新见解，培养新能力，必定会受益匪浅。

那么，深度思考的能力到底包含哪些方面呢？我仅列举几例：客观公正、善用情商、面面俱到、统筹选择、评估方案等。

当你进行深度思考时，主要是思考如何做这些事情，如何找到方法改善做得不太好的事情，以及如何利用成功经验处理以后将要面对的事情。这也是EDGE-it思考模式循环往复阶段的主要功能之一。

总的来说，我们思考的是"我们是如何思考的"，而不是"我们在思考什么"。

另一种让你提高深度思考能力的方法是，将其应用到特定的任务中。我以领导领域为例：

多年来，你一直被告知需要培养什么样的关键性领导技能。

你所在的公司肯定有一个深入人心的能力评测框架，或者至少是一份升职必备的关键能力列表。众多培训课程和领导培养项目以及辅导计划,都能够帮助你培养领导力核心技能。事实上,你已经掌握了很多,并为此付出了很大的努力。

请在下面的空白表上列出你多年来培养的关键性领导技能,以及对你未来发展有益的技能:

_____

_____

_____

_____

_____

我猜,你所列出的技能中可能会有如下几项:

○ 开创一个清晰而鼓舞人心的未来愿景。

○ 与下属讨论未来愿景。

○ 鼓励他人追随你。

○ 鼓励他人提高能力。

○ 拥有创造性思维。

我猜对了吗?这些技能的共同点是,你可以从自己过往的经历中总结经验,然后通过深度思考对它们加以改进。

深度思考的意思是,以更专注的方式利用你已开发的大脑(你肯定已经有了这样的大脑,不然你就不会读到这里了)。

这些年来,你已经知道自己正在做什么——之前在做什么,过程是什么,以及之后做什么——这是一件好事。

问题是,到现在为止,没有人告诉你——你需要考虑些什么。

关于深度思考的任务

让我们来完成与领导领域相关的深度思考练习。

领导力是一种让人追随的能力。没有追随者,你就不可能成为领导。我们来回答一下与领导力有关的问题:"为什么有人追随你?"

你可以用EDGE-it思考模式回顾过去,找出别人听命于你的经历,或者回忆一下没人追随你的经历,或者展望未来,想象以后有人愿意追随你的经历。

如果你想将深度思考与特定任务联系起来,就需要更多地注意思考的细节。

选择一段你感兴趣的经历,写下关于这段经历的细节,这有助于你将剩余过程置入相关背景中:

现在,使用下面的表格,以1-10分制评价你对各项"关于深度思考的任务"的满意度,并回答"自我提问"列表下的相关问题。

表格中展现给你的问题,并不是问题检查清单,而是帮助你进行深度思考的一些提示。

如果你正在考虑的问题与你目前的思考过程有关,或者与你将来想要进行的思考有关,那么,这个问题就需要应时而变了。

表 8-6 "关于深度思考的任务"满意度评估表

关于深度思考的任务	自我提问（想象你正在回顾某一特殊场景）
评估设想	我作出了怎样的假设？ 这些假设有什么基础？ 它们经得起考量吗？ 我有什么证据能证明这些假设？ 我有什么证据能反驳这些假设？ 我做出的这些假设有效性如何？ 这些假设是如何影响我思考的？
保持客观	我自己能够做到多客观呢？ 别人认为我的有多客观？ 哪些因素影响了我的观点？ 我的观点对我的客观性有多少影响？ 如果我不那么客观，我就会成为原本的样子，这一现象背后隐藏着什么呢？ 在无意识的情境下，我的哪些处世观点会对我有影响？ 我如何能够尽早发现自己的客观性？
感情用事	在当时我是怎么看的？ 我如何看待他人？ 对于这个决定有什么人际因素会对其产生了影响？ 我能对他人的想法预测到何种程度？ 我能对他人的反应预测到何种程度？ 我能把自己的情绪状况管理到何种程度？

续表

考虑他人 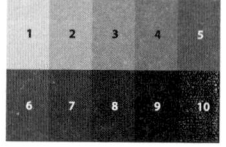	当时还有哪些方面应当考虑在内？ 我是否顾及他人的感受了？ 我忽略了什么东西？ 当时我是如何看待他人的观点的？ 我是如何判断他人的观点正确与否的？
泛化选择 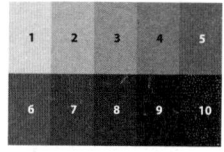	在泛化选择方面我的创造性如何？ 我给自己留下了多少自由空间？ 我使用了什么方式与方法？ 我还能想到其他的方式与方法吗？ 我本来可以尝试哪些方式与方法？ 还有哪些人可以为我所用？ 我如何做才能泛化出更多的选择？
评估选择 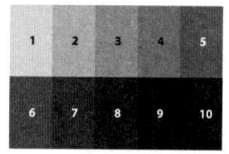	我对选择的评估有多全面？ 我的判断在评估阶段有效吗？ 我的评估标准是什么？ 如何把这样的标准做得更好？ 我对自己的最终选择有多满意？ 我如何才能提升自己对所采用的选择的满意度？

仔细看看你对这些提示问题的回答,以及在深入思考阶段出现的其他方面的问题。

你觉得什么样的改变能让你快速获得成功?什么样的改变可能更难做到,但能给你带来显著的积极影响?哪些方面达到了最高的满意度?哪个方面最低?选择一个或两个你想要发展的方面。

下一个阶段是生成——你有什么方法可以改进自己的思维?

看看你选择发展的思维要素,回顾一下你对表格中"泛化选择"的评价,并认真了解在生成新选择时可能需要考虑的内容。记住,这种泛化是注重数量而不是注重质量的。你要不断地问自己:"我能做什么?还能做什么?"

当你完成了流程的泛化阶段时,就该进入执行阶段了。

你可以使用"难易程度/作用效果评估表"对这些选项进行评估,如果你愿意的话,也可以用其他方式对它们进行评估。最重要的是,你一定要选择自己感兴趣且切实可行的选项。

最后,进入循环往复阶段,看看自己遗漏了什么。你要加深洞察力,以便更好地观察自己一直在深思的领域,从而使效益最大化。

我确信,当你提高深度思考的能力后,一定能让自己获得丰富的回报。

本章重点

深入思考是你不可或缺的能力之一。

处于公司领导职位——无论处于何种层级——你的任务都可以被划分为四个领域：领导、管理、行动和人才培养。

应用EDGE-it思考模式可助你：

提高你在某一领域任意任务中的表现。

加强你在某一领域内的整体表现。

提升你的整体领导力。

你的章后总结：

_____

_____

_____

_____

_____

第九章　在企业中建设深思文化

如果深度思考能给每一个个体都带来助益，那么这一做法也必将能给企业带来更高的价值。我们不但要让自己变成一个善用深度思考模式的人，同时还要把这样的改变带给我们的团队，我们的部门，甚至是我们的企业。

有些公司在这一方面显得格外突出，他们能够确保自己的员工有足够的时间去深度思考，从而有更多的创新之举。下面，我们来看两个典型的例子：谷歌公司和惠而浦公司。

谷歌公司：

几年前，谷歌公司制订了一个著名的工作计划："20%时间概念"计划，谷歌员工每周可以用20%的时间来发展副业。这意味着，在正常的工作周里，员工们有一整天的时间从事与自身工作无关的副业。

谷歌公司称，谷歌实验室里的许多产品都是从"20%时间概念"计划中发展而来的。这个计划的意义在于，员工们有时间去考虑副业并付诸行动，以此为谷歌公司增加竞争优势。这不仅能够吸引更优秀的人加入谷歌公司，同时也能让他们参与到项目的创新当中。

2013年8月，有关谷歌总部的一则报道称这一计划实际上已经取消了。为什么会取消呢？谷歌难道不想创新了吗？当然不是！相反，谷歌的管理层决定换一种不同的方式来进行创新。

谷歌为什么采取这一决定，在博客、财经杂志和互联网上可谓众说纷纭。我们还不清楚其中的原因，也不知道这样的决定会带来什么样的影响。不过可以肯定的是，这个决定是经过深思熟虑的。至于决定背后的意义，还有待探究。

惠而浦公司

惠而浦公司的想法稍有不同。他们将创新视为核心能力，关于这一点公司官网上是这样介绍的："惠而浦公司坚信创新无处不在。近十年来，我们竭尽全力将"创新即核心能力"的理念贯彻整个公司。公司所有员工都要参与到创新项目中来，提出新观点，创造新产品，提供新服务，以此向顾客传达真正的理念。这是任何公司都闻所未闻的经营方式。我们一直努力使创新成为核心能力，重设交易流程，为上千名员工提供培训，建立创新管理体系，改变企业文化。"

不同的公司情况各不相同。一些公司虽然没有规定员工必须加强深度思考训练，但至少会给管理人员预留更多的时间进行这一方面的训练。越来越多的公司意识到，让员工进行高质量、长时间的思考，将促使他们创造更好的业绩，并给公司带来直观的正面影响。

举例来说，企业培训计划就是一种将思考时间制度化的方式，至少在培训期间是这样的。如果企业想在业余时间培训所有员工——将培训当作企业文化或其中的一部分，那么很明显，这就属于注重思考的表现。

你的公司

花些时间考虑一下你自己的公司。在你的公司里，思考训练占据了多少分量？你将如何增加这一比重？

其实，核心在于文化变革。尽管书中写了很多关于文化变革的内容，但它所带来的挑战并不在这本书的探讨范围之内。不过，此处我们的目的是，将其视为未来要思考的问题。

文化变革——EDGE-it思考模式

为了明确你的想法，并将其最大效率地付诸行动，你可以采用EDGE-it思考模式。虽然这个模式适用于三个时区，但考虑到文化变革，运用在理想中的未来时区会更有效果。

总结经验：EDGE-it思考模式的经验阶段和你确立的目标息息相关，你要"站在未来"用"这真是太美妙了"的心理状态来描述你的目标，把它看作现在已经实现的样子。

你所在的公司有什么样的深思文化？如果你的公司规模比较大，不再是一个小组、部门或其他下设机构，那么其深思文化又是怎样的呢？做出必要的改变会带来什么好处呢？当你的深思规划如你所愿的时候，又会发生什么呢？请将你的回答写在下一页的空白表中。

你也许会考虑以下因素,它们能帮助你在文化变革中获得成功。

1.反思的目的与公司核心战略相关。

2.让公司里最有内涵的人负责思考训练。

3.公司的领导层要分配出时间进行深度思考。

4.领导是鼓励他人思考的积极模范。

5.系统要一致并完全契合,只有这样,思考的过程才有意义,结果也是有价值的。

6.深度思考训练有固定的模式和语言。

当你完成第一阶段的目标时,继续进行EDGE-it思考模式的第二阶段——深思熟虑。

你目前有什么经历与深思文化相关?你所在的公司现在有什么与深思相关的文化?是什么在支撑着你的深思文化?将深思文化延伸后会获得什么?

运用力场分析法可以描绘出你现在所处的状态。

请注意,纵坐标代表你想要获得的经验以及你的目标,横坐标代表目前的状况。在图上画出支持因素和阻碍因素，使箭头在数量和长度上均衡。设想一下，高质量的思考会带来什么？高质量的思考培训在你的公司能够起到什么作用？是什么在支持你公司的文化变革？

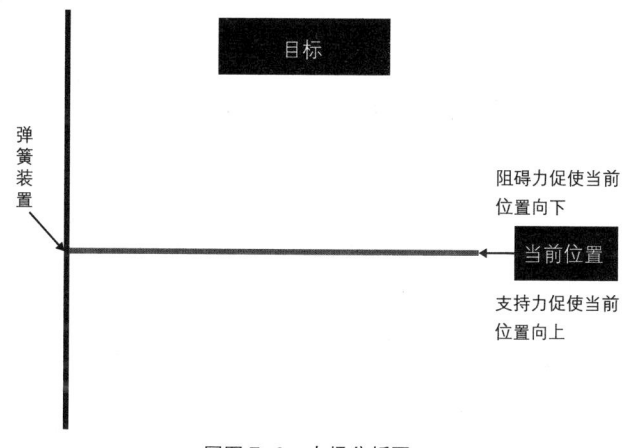

同图 7-2　力场分析图 2

泛化选择：当你利用力场分析法呈现出目前状况时，就可以进入到泛化选择阶段了。但要注意，不要吹毛求疵，遵循自己的想法就好——想到哪里就是哪里。

在这一阶段，备选方案的数量比质量更为重要。尽可能多地提出不同方案，主要从以下三个方面考虑（你既要考虑自己能做的事，也要考虑其他人能做的事，以此来改变现状）：

1.减少或移除障碍因素；

2.加强有利因素；

3.增加其他有利因素。

同表 7-1　力场分析记录表

减少或移除障碍因素	
加强有利因素	
增加其他有利因素	

采取行动：筛选你认为有发展前途的方案。运用上文提到的"难易程度/作用效果评估表"来帮助自己评估方案，然后选择一个或多个方案去执行。

同表 5-14　难易程度/作用效果评估记录表

执行相对简单		
执行相对困难		
	实现目标的可能性较低	实现目标的可能性较高

循环往复：最后，记得定期做计划。在未来时区里运用EDGE-it思考模式，必然会经过不断重复的阶段。

以上，就是在企业中建设深思文化的过程，虽然步骤看起来比较简单，但实施起来未必容易。无论你的企业是何种规模，都请相信，深思文化肯定能给你带来更好的效益，所以，一定要坚持把它放在重要位置，并贯彻下去。

本章要点

　　思考的重点往往是朝着创新的方向靠拢，强调集体思考是可以带来巨大好处的。

　　一些公司在给员工进行培训的时候，会特别注重思维的培养，并会给领导层预留足够的时间专门用于思考。

　　那些保持长久创新力的公司，其成功的因素大都源自文化变革。对于文化变革，请放在未来时区应用EDGE-it思考模型。

　　你的章后总结：

_____

_____

_____

_____

_____

结语

> 即使你踏上了正确的道路,如果你只是坐在那里,也终将一无所获。
>
> ——威尔·罗杰斯

正如我们在本书刚开始时所料,现在你应该已经知道,只有当自己有所行动时,才能改善做事的结果。

虽然你还无法确切地知道自己到底要做些什么,但我希望你现在能够有意识、有针对地去看待事物,把深度思考当作一项不可缺少的关键能力——它必将帮助你取得预期的成果。

毋庸置疑,深度思考让我们以更清晰、更精确和更卓越的方式采取一切行动,但很多人在谈论着一个关于它的悖论——深度思考会花费我们大量的时间和精力。实际上,真正的深度思考能让我们把更多的时间花在正确的事情上,从而节省更多的时间。

下面,就让我们来回忆一下第一章中的深度思考图谱:

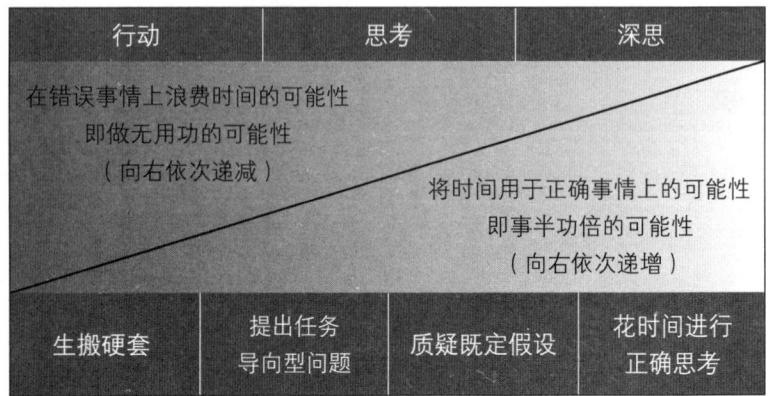

同图 1-1　深度思考图谱

EDGE-it 思考模式

你在本书学到的 EDGE-it 思考模式是具有五个阶段的循环模式，每个阶段界限明确，便于直接学习，从而帮助你开展深度思考。对企业而言，它也是一个高端而实用的模式。

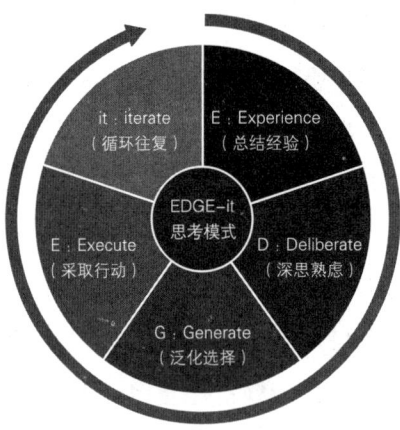

同图 4-1　EDGE-it 思考模式示意图

正如我们此前所见,这一模式能够应用于三个时区中的任何一个:在过去时区,回顾此前最重要的经历;在当下时区,让你不再纠结于"为什么我又会犯这种错误";在未来时区,提前规划,实现自己预设的目标。

大体上,在三个时区中使用这一模式的方式大同小异,只需在特定时区做出有限的调整即可。

仔细思考你以前的经历和你当初一心想要看到的变化,将EDGE-it思考模式应用到你正在经历的事情上和你一直渴望拥有的体验之上,都将让你更接近自己预期的结果。

不过,最终的结果是否能让你足够满意,很大程度上取决于你为该模式提供的能量和你在实践过程中下定的决心。

万事俱备,下一步该做什么呢?

正如你所见,这本书里有很多思考工具和练习案例,你在它们上面投入的时间和精力不尽相同。因此,在读完这本书后,你要把自己的感想写下来,以便更好地应用学到的内容。

这需要你付出额外的时间温习已经完成的练习,并处理那些以前草率略过的事情。也需要你将注意力集中在建立自身深度思考的习惯上,并慢慢地把这种习惯转换到团队或公司中。

你可能想更深入地探究本书中介绍的一些概念。附录2列出了你可能会感兴趣的阅读清单,这将是你展开探索的良好开端。

更好的结果

毫无疑问,读完这本书后,你一定已经开始培养自己深度思考的习惯了。请你一定继续坚持!

在当今这个复杂的世界中,深度思考是一种不可或缺的能力,是帮助你迈向成功的基石。

深度思考做得越多,你就越能确保自己把时间都用在了正确的事情上,同时也能确保自己以最恰当的方式获得更好的结果。

属于你自己的后记

应用EDGE-it思考模式阅读这本书

现在,阅读的步骤已经完成了,是时候将你学到知识运用到实践中来了。下面的一组表格,能够帮你回顾阅读本书的相关经历,并帮你在实践中应用EDGE-it思考模式。

为了能够在以后的工作中保留EDGE-it思考模式的应用模板,并应用到其他项目中去,请先复印出空白页,将原版保留。

总结经验

这一阶段的目标是,把你的某段经历真实地描述出来,并收集所有与这段经历有关的事实和当时的感受。

你不必了解经历本身的意义,只需把它当作历史记录下来。多花一些时间,尽量补充与经历有关的事实。

接下来,把你的注意力集中在三件事上:你当时听到和看到了什么?你当时做了什么?你当时感觉到了什么?

完成表格后,请你问问自己:"还有什么没有想到?"

同表 5-12　事实与感受分析记录表

收集事实和感受	自身角度	他人角度
看到了什么？ 听到了什么？		
做了什么？		
感觉到了什么？		

需要注意的是，如果你是本书内容的学习者，那么"他人角度"一栏中的选项可能并不适用于你。但如果你曾与他人讨论过本书中所提到的相关概念或练习，那么本栏也可被用于自己的经历描述。

深思熟虑

这一阶段的目标是，真正了解这段经历对你来说有什么意义。你必须挑战自己的理解极限，探究自己的相关经验，拓宽自己的眼界。

你可以从流程中的任意一处开始，以任何顺序回答自己设定的问题。这些问题只是为你列举几个例子而已，其本身并不能代表整个流程，目的是激发你的思考力。

不过有一点需要注意，你应该把眼光放在流程中心的两个核心关注点上。

通过这些问题，慎重地考虑你的经历，尽自己所能去深入思考。

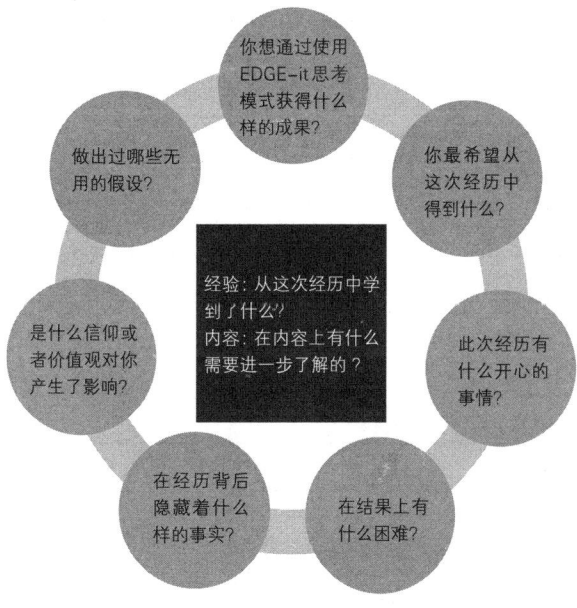

同图 5-1　经验/内容问题引导环形图

泛化选择

这一阶段的目标是,泛化出更多的选择方案,以便更好地决定接下来要做的事情。

你不必评估这些方案,而要尽可能地自由发挥,自我创造。

有些人会被"要么这/要么那"的思维模式限制住自己的思考,以至于错过找到最佳方案的机会。所以我建议,至少列出30个不同的方案,而且时刻谨记:"如果你什么都不做,会发生什么事?"

同表 5-6　能够实现预期目标的方案记录表

能够实现深思熟虑阶段目标的方案			
1		16	
2		17	
3		18	
4		19	
5		20	
6		21	
7		22	
8		23	
9		24	
10		25	
11		26	
12		27	
13		28	
14		29	
15		30	

采取行动

这一阶段的目标是,决定到底要选择哪一种方案,并依照方案采取行动。

你选择的方案可大可小,既可以大到作为某个项目的总领,也可以小到作为某次活动的一个环节。下面的三个步骤可供你参考:

1.绘制一张2×2"难易程度/作用效果评估表"。

把你泛化出的所有备选方案分成两类:执行相对简单和执行相对困难。以图表的水平中心线为分界,把执行相对简单的方案放在上方,把执行相对困难的方案放在下方。然后,在左侧方格内填入实现目标的可能性较低的方案,在右侧方格内填入实现目标的可能性较高的方案。

同表5-14 难易程度/作用效果评估记录表

执行相对简单		
执行相对困难		
	实现目标的可能性较低	实现目标的可能性较高

2.做出最终选择。

你必须遵循自己的意愿选出最终方案,而不能让他人为你做决定,或者受到其他外界因素的干扰。

3.测试你采取行动的决心。

使用1-10等级分类。1表示你可以这么做,但很可能不会采取这个方案;10表示你一定会这么做,而且会立即采取行动。

根据这个决心等级表来测试你采取行动的决心。

同表5-11 决心等级表

我决心要采取的行动:

_____

_____

_____

_____

循环往复

这一阶段的核心是重复和回顾,其使用价值在于对过程本身的深度思考。回顾一下你刚刚完成的上面各个阶段,可以问自己以下关键问题:

- ○ 在反思的过程中你注意到了什么？
- ○ 在这一过程中你错过了什么？
- ○ 你当时关注的焦点是什么？
- ○ 整体过程中最困难的部分是哪些？
- ○ 相对容易一些的部分有哪些？
- ○ 你参与度最高的是哪个部分？
- ○ 下一次你想要做出哪些改变？
- ○ 你需要为这些改变做些什么？
- ○ 往后再遇到类似的情况你会怎么做？

这一阶段也可以用在实践内容的回溯上。仔细回顾一下你的工作内容，看看在工作过程中错过了哪些要点。当你再次对其做出审视时，能够激发出哪些新的想法？

附录1：深度思考实践与模式简史

第一阶段：深度思考的重要性

约翰·杜威

许多人认为，深度思考的概念最早是由美国哲学家和心理学家约翰·杜威提出的。19世纪末20世纪初，约翰·杜威活跃在教育改革领域，他创作了大量以深度思考及其解决方案为主题的相关著作。

根据杜威的观点，开展深度思考的主要目的是，排除问题中不协调和不一致的因素。杜威这一观点的关键在于，当人们意识到某些问题不能得到确定的解答时，就需要对其展开深度思考。

他确定了深度思考的五个阶段，或者说是五个方面：

1.在深思的过程中寻求可能的解决方案。

2.困难或困惑的智化（或智性）要求，存在于（直接经历的）有待解决的问题之中，且以一种答案未明的问题形式存在。

3.把连续性地采纳他人建议，当作一种先验观念，或者前提假设，不断引导和倡导客观物质上的观察、分析等操作。

4.对观点或推断（溯因可被视为心理介入的方式之一，但并非完全等同于整体推断关系）进行心理描写。

5.通过外在事物或心中的想象对假设进行测试。

唐纳德·A.舍恩

在深度思考的发展过程中，另一位重要人物是美国社会科学家、思想家唐纳德·A.舍恩。他在20世纪后期开始从事相关工作并坚持写作，其代表性著作为《自我反思的实践者》，该书出版于1983年。

在这本重要的著作中，舍恩根据自己和工程、建筑、管理、心理治疗、城市规划这五个领域专业人员间的经历，提出了"行动反思"和"反思行动"的概念。其理论基本前提是：成功的人需要"脚踏实地地思考"，及时发现事情超乎预计的时刻，并及时确定切实的行动方案。

尽管时至今日依然有一些学者对舍恩提出的理论存在一定的分歧，但大多数人一致认为，他的想法和著作已经推进并促使我们的学习过程发生了改变，从要求我们纠正学习的模式，转变到了要求我们注意到事件在当下的发展与预期不同，并及时停止，采取纠正措施。

大卫·库伯

大卫·库伯是现代学习理论的重要贡献者，他深入研究了深度思考在学习中的作用。20世纪70年代，库伯与同事昂·佛莱合作开发了经验性学习模式。这一模式首次正式将深度思考作为有效学习过程中必不可少的因素之一。

1984年,库伯将这一学习模式发展为体系化的学习模式,并于当年出版了《体验式学习:体验是后天学习和发展的源泉》一书。

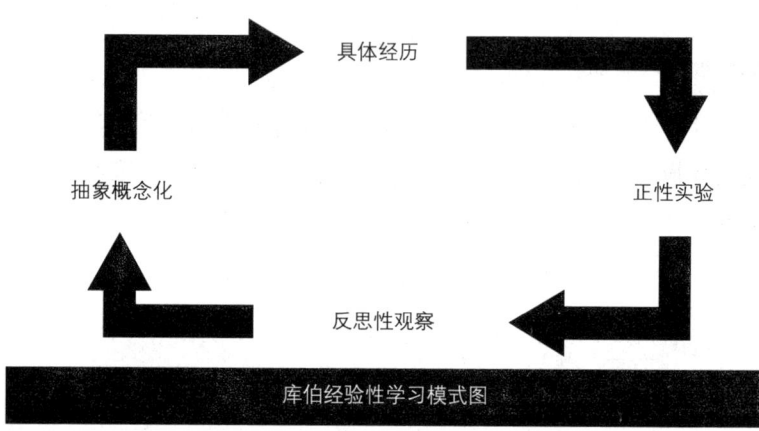

库伯经验性学习模式图

皮特·哈尼与阿兰·马福德

20世纪70年代,哈尼与马福德为某化学制剂公司开发项目时,提出了一套学习模式系统。他们说:"这一模式是库伯经验性学习模式的变体,我们只是采用了与库伯不同的词汇来描述学习周期的几个阶段和四种学习方式……两者的相似之处比差异更多。"

哈尼和马福德分别用以下术语来描述四种不同的学习方式:

○ 激进者

○ 反思者

○ 理论者

○ 实用者

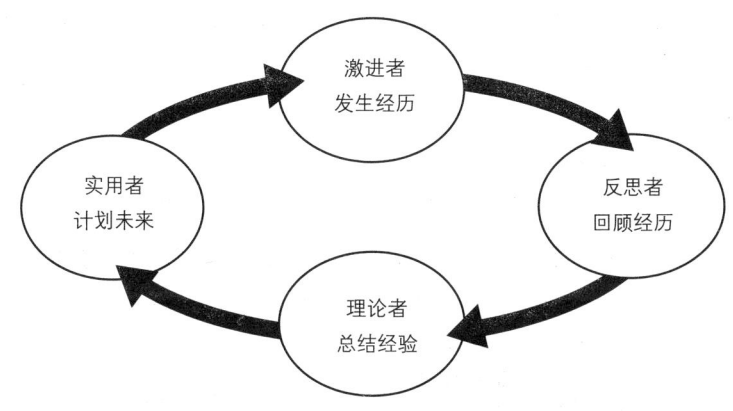

哈尼和马福德提出的学习模式图

第二阶段——如何反思

特里·博尔顿

美国教师特里·博尔顿在1970年出版的《接触，触碰与教学》一书中，提出了三个用于增加自我知识的关键性问题。

"这些东西的能量十分巨大，难以轻易取得。"此后，他在书中概述了三个问题：什么？所以呢？现在如何？并继续阐述，"由这三个问题构成的模式，为我们提供了一种有组织的方式来提高认识，评估意图，并尝试新行为。"

此后，博尔顿提出的三个问题经由约翰·德里斯科尔分别在1994年、2000年和2007年进一步开发，将三个问题与库伯的经验学习周期阶段相互匹配，并增加了其他附加问题。

值得一提的是，德里斯科尔是在护理行业的背景下对博尔顿提出的问题进行扩展的,但其总体上的研究方法几乎能适用于任何行业背景下的深度思考活动。

格雷厄姆·吉布斯

格雷厄姆·吉布斯教授在1988年出版的《边做边学:教学方法指南》一书中阐述了他开发的深思模式。他表示,他的模式能把系统中划分出的所有阶段都与体验式学习的周期阶段有效地联系起来。

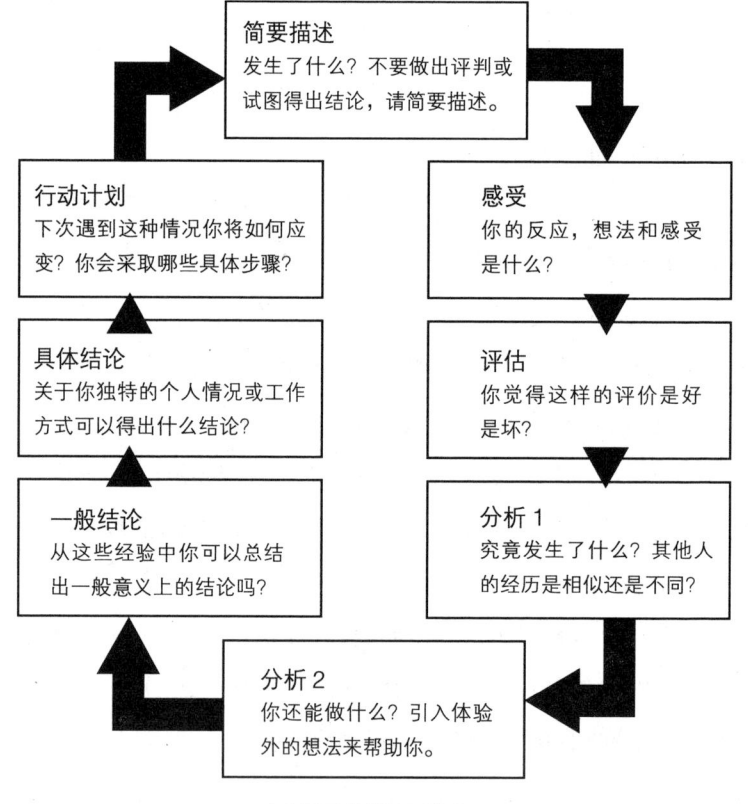

吉布斯开发的深思模式图

他继续对各个阶段进行详细阐述，如下表所示：

吉布斯深思模式图各阶段详解表

描述	发生了什么？不要做出评判或试图得出结论，请简要描述。
感受	你的反应和感受是什么？不要重复分析、评估。
评估	你觉得这样的评价是好还是坏？请做出价值判断。
分析	究竟发生了什么？其他人的经历是相似还是不同？你还能做什么？引入体验外的想法来帮助你。
一般结论	从这些经验中你可以总结出一般意义上的结论吗？
具体结论	关于你独特的个人情况或工作方式可以得出什么结论？
个人行动计划	下次遇到这种情况你将如何应变？你会采取哪些具体步骤？

克里斯托弗·约翰斯

20世纪90年代早期，身处护理行业的克里斯托弗·约翰斯提出了一种思考模式。他最初的意图是，帮助护士们弄清楚如何在实践中运用相关知识。

约翰斯通过引导问题的形式对思考模式进行了详细分类，在以下描述中，你可以发现由护理专业背景支撑的诸多证据：

经历描述

现象——描述此时此刻的经历。

致因——产生这一经历的核心因素是什么？

情境——产生这一经历的情境因素有哪些？

澄清——在这一经历中，深度思考的关键环节是什么？

深度思考

我想尽力实现什么样的目标？

为什么我会如此行动？

我的行为会给自己带来什么样的后果？给我的病人、家人以及和我一起工作的人带来什么后果？

当这种经历发生时，我有什么感受？

患者对此有什么感受？

我如何知道病人对此有什么感受？

影响因素

哪些内部因素会影响我的决策？

哪些外部因素会影响我的决策？

哪些知识来源会影响或可能影响我的决策？

评估选择

我能更好地处理这种情况吗？

我还有什么其他选择？

这些选择的后果是什么？

经验

我如何看待这次经历？

根据过去的经验，对于未来即将发生的事情来说，我该如何理解这件事？

这种经历是通过以下哪种方式改变自身认识方式的？

经验——科学

伦理——道德认识

个人——自我意识

美学——我们自己的经历以及为人处世的艺术

约翰斯一直积极思考有关创作和深度思考的问题，并于2013年再版其著作《成为深度思考实践者》。

附录 2：延伸阅读

Cochran, W and Tesser, A (1996) "The 'what the hell' effect: some effects of goal proximity and goal framing on performance", Striving and feeling: interactions among goals, affect, and self-regulation, pp.99–120

Di Stefano, G and Gino, F and Pisano, G and Staats, B (March 25, 2014) 'Learning by Thinking: How Reflection Aids Performance', Harvard Business School NOM Unit Working Paper No. 14-093

Gibbs, G (1988) Learning by doing: a guide to teaching and learning methods, Oxford: Oxford Brookes University Further Education Unit

Honey, P and Mumford, J (1982) Manual of Learning Styles, London: P Honey

Johns, C (2013) Becoming a Reflective Practitioner (Fourth Edition), Wiley-Blackwell

Kegan, R and Lahey, L (2009), Immunity to Change: how to overcome it and unlock the potential in yourself and your organization, Boston, Massachusetts: Harvard Business Press

Kolb, D (1984) Experiential Learning: experience as the source of learning and development, Englewood Cliffs, New Jersey, US: Prentice Hall

Moon, JA (2004) A handbook of reflective and experiential learning: theory and practice, London: Routledge

Prochaska, J and Di Clemente, C (1983) 'Stages and processes of self-change in smoking: toward an integrative model of change,' Journal of Consulting and Clinical Psychology, 5, pp.390 – 395

Schön, D (1983) The Reflective Practitioner: How professionals think in action, New York, US: Basic Books

致谢

在创作这本书的过程中,很多人给了我极大的帮助:他们支持我,鼓励我,启发我,让我拥有了源源不断的动力与灵感。在此,我要向他们致以最诚挚的感谢。

书中引用了很多事例,用以解释和说明我的观点。这些事例大都来自我众多客户的经历,非常感谢他们能慷慨地与我分享,并允许我用于本书的创作。我已经妥善处理了事例中的一些细节,而不至于泄露他们的隐私。更重要的是,我保证绝不会扭曲事实,给他们带来消极而负面影响。

这本书倾注了我大量的心血,感谢每一位读者,愿你通过本书获得更好的结果。